地域ガバナンスシステム・シリーズ

炭を使った農業と地域社会の再生

市民が参加する地球温暖化対策

龍谷大学 地域人材・公共政策開発システム
オープン・リサーチ・センター（LORC）
企 画

井上 芳恵
編 著

公人の友社

目　次

はじめに ………………………………………………………………… 5
　1　発刊にあたって ……………………………………井上芳恵　6
　2　亀岡モデルとは何だろう？ ……………………鐘ヶ江秀彦　8

第1章　亀岡カーボンマイナスプロジェクトの概要 …………… 13
　〈コラム1-1〉カーボンマイナスの仕組み①
　　　　　　　～地球温暖化と炭素循環～ ………定松　功　18
　〈コラム1-2〉クルベジ®の生産から流通まで
　　　　　　　　　　　　　　　　……関谷　諒・熊澤輝一　22

第2章　主な関係機関の取り組み ………………………………… 25
　1　亀岡市の取り組み ………………………………田中秀門　26
　〈コラム2-1〉世界初のプロジェクトに挑戦！ ………酒井省五　32
　2　龍谷大学の取り組み～参加型環境政策の展開～ ……井上芳恵　33
　〈コラム2-2〉縦から横への連携 ……亀岡市企画政策課　50
　3　立命館大学の取り組み
　　　～炭素貯留農法の実証実験とプロジェクトの全体構想～
　　　　　　　　　　　　　　　　………………………柴田　晃　51
　〈コラム2-3〉カーボンマイナスの仕組み②
　　　　　　　～炭を使った二酸化炭素削減方法～ ………柴田　晃　63

第3章　保育・教育機関の実践 …………………………………… 67
　1　亀岡市立保津保育所～体験を通じて得た学び～ ………松山直美　68

　〈コラム3-1〉紙芝居を通じた食育・健康の普及、啓発活動
　　　　　　　　　　　　　　　　……………………中西啓文　72

〈コラム3-2〉環境と食を結ぶ学習プログラムの展開
　　　　　　　　…………………亀岡市教育委員会学校教育課　73
2　亀岡市立別院中学校～環境・農園活動の推進～
　　　　　　　　……………………………亀岡市立別院中学校　74
〈コラム3-3〉地産地消の推進 ……………………亀岡市農政課　76
〈コラム3-4〉子ども達に安全・安心な野菜を …………平井賢次　77
3　亀岡市立保津小学校～ダーウィン探検隊（総合的な学習）
　　　　　　　におけるカーボンマイナスプロジェクトの取り組み～
　　　　　　　　……………………………亀岡市立保津小学校　78
〈コラム3-5〉クルベジ®給食提供の舞台裏
　　　　　　　　…………………亀岡市立学校給食センター　80
4　亀岡市立本梅小学校～体験活動を重視した食育食農～
　　　　　　　　……………………………亀岡市立本梅小学校　82
5　亀岡市立吉川小学校～食育推進と環境教育～
　　　　　　　　……………………………亀岡市立吉川小学校　84
〈コラム3-6〉クルベジ®博士の大発明
　　　　　　～地球にやさしい野菜を食べよう～の紙芝居を演じて
　　　　　　　　……………………亀岡子どもの本研究会　86

第4章　2009年度LORC国際シンポジウムパネルディスカッション
　炭を使った農業と地域社会の再生～市民が参加する地球温暖化対策～
　　　　　　　　……………………………………………………　87

おわりに ……………………………………………富野暉一郎　112

資料 ……………………………………………………………　117
・クルベジ®便り ………………………………………………　118
・クルベジ®紙芝居 ……………………………………………　120
・亀岡カーボンマイナスプロジェクト関連記事 ……………　124
・ＣＤ－Ｒ使用にあたって ……………………………………　130

執筆者・機関一覧

〈編著者〉

井上　芳恵　　龍谷大学政策学部准教授……………　はじめに、第1章、第2章2

〈執筆者〉

鐘ヶ江秀彦　　立命館大学地域情報研究センター長・政策科学部教授

柴田　晃　　立命館大学地域情報研究センターチェアプロフェッサー
　　　　　　　　　　　　　　　　　　　　　　　第1章、第2章3、コラム2-3

定松　功　　龍谷大学地域人材・公共政策開発システム オープン・リサーチ・センター
　　　　　　（LORC）リサーチアシスタント ……………………　コラム1-1

関谷　諒　　立命館大学大学院政策科学研究科博士前期課程 ………　コラム1-2

熊澤　輝一　　立命館大学グローバル・イノベーション研究機構
　　　　　　ポスト・ドクトラル・フェロー …………………………　コラム1-2

田中　秀門　　亀岡市市民協働課副課長兼係長 ……………………　第2章1

酒井　省五　　農事組合法人ほづ代表理事 ……………………………　コラム2-1

松山　直美　　亀岡市立保津保育所所長 ………………………………　第3章1

中西　啓文　　特定非営利活動法人地域予防医学推進協会副理事長 …　コラム3-1

平井　賢次　　旭町学校給食部会 ………………………………………　コラム3-4

富野暉一郎　　龍谷大学政策学部教授 …………………………………　おわりに

〈執筆機関〉

亀岡市企画政策課 ……………………………………………………　コラム2-2
亀岡市教育委員会学校教育課 ………………………………………　コラム3-2
亀岡市農政課 …………………………………………………………　コラム3-3
亀岡市立別院中学校 …………………………………………………　第3章2
亀岡市立保津小学校 …………………………………………………　第3章3
亀岡市立学校給食センター …………………………………………　コラム3-5
亀岡市立本梅小学校 …………………………………………………　第3章4
亀岡市立吉川小学校 …………………………………………………　第3章5
亀岡子どもの本研究会 ………………………………………………　コラム3-6

はじめに

1　発刊にあたって

2　亀岡モデルとは何だろう？

はじめに

1　発刊にあたって

龍谷大学政策学部准教授　井上　芳恵

　これまで、地球温暖化対策として、政府によって温室効果ガス削減の将来目標が掲げられていましたが、市民にとっては身近な問題としてとらえられていないところがあったかもしれません。しかし、2011年3月11日に発生した東日本大震災による未曾有の自然災害と原子力発電問題により、これまでのエネルギー政策や我々の日常生活を根本的に見直す必要が出てきました。

　それに先立つこと2008年から、龍谷大学地域人材・公共政策開発システムオープン・リサーチ・センター（LORC）、立命館大学地域情報研究センター、京都府亀岡市、地元関係機関が連携し、「亀岡カーボンマイナスプロジェクト」に取り組んできました。このプロジェクトは、炭堆肥を農地に投入することで、地中に炭素を固定化する「炭素貯留農法」の技術確立と、そこで生産される「地球を冷やす野菜（通称：クルベジ®）」の活用を目指した地域再生プロジェクトです。日本やアジアなどで伝統的に農業に使われてきた炭によって二酸化炭素削減を図るとともに、多くの地域で課題となっている放置竹林や未利用間伐材などの有効活用、そして農業のブランド化を図り、農業や地域の活性化を目指すという壮大なプロジェクトです。京都市近郊の自然豊かな京都府亀岡市をフィールドにしつつ、炭素貯留技術の確立や排出権取引制度の検討など、世界的にみても先進的な取り組みであり、まさにグローカル（Think globally, act locally）な挑戦です。このような取り組みに、専門家だけが関わるのではなく、行政の各部署や生産者、そして、保育・教育機関を中心に、子どもから大人まで市民が主体的に、また楽しみながら地域の課題解決を目指すとてもユニークな取り組みです。

　本書は、2010年3月に亀岡市で開催した、2009年度LORC国際シンポジウム「炭を使った農業と地域社会の再生～市民が参加する地球温暖化対策」の

内容や成果をもとに、2010年度までの取り組みを踏まえて構成しています。炭素循環や炭素貯留といった、専門的な内容も含まれるため、コラムとして解説を挿入するとともに、本プロジェクトに関わった多くの関係機関の方々にもご寄稿いただきました。巻末に添付するCD-Rには、本プロジェクトを通じて、作成・開発、活用した教材・資料などを収録しています。

　エネルギー政策や環境問題について、改めて正面から考える必要のあるこの時期に、亀岡カーボンマイナスプロジェクトの取り組みについて、広く一般の方に分かりやすく知っていただくとともに、小・中学校など、教育機関をはじめとして食育や環境教育のテキスト、教材としても活用していただき、多様な主体が連携して取り組む温暖化対策や地域再生の一助となることができれば幸いです。

　編者は主に、先の国際シンポジウムの企画・運営を担うとともに、龍谷大学LORC第3研究班において、教育機関における食育関連の取り組みを担って参りました。本書の編集については編者が全ての責任を負うものですが、龍谷大学富野暉一郎教授、立命館大学鐘ヶ江秀彦教授、柴田晃チェアプロフェッサーをはじめとして、共にプロジェクトを推進してきた龍谷大学、立命館大学の研究スタッフの皆さん、龍谷大学LORC第3研究班の研究員の皆様、また亀岡市の庁内における調整や地元関係機関との調整を担っていただいている田中秀門氏をはじめとする関係各課の皆様、本プロジェクトにご協力をいただいている教育関係機関、市民活動団体の皆様、全てのお名前を記すことができませんが、多くの方々の熱意とご協力の下に本書を刊行できることに感謝申し上げます。また、最後になりましたが、公人の友社武内英晴氏には何かとご無理をお願いし、刊行を実現していただき、感謝の意を表します。

　本書は、2008年度から3年間、龍谷大学地域人材・公共政策開発システムオープン・リサーチ・センター（LORC）が、文部科学省の私立大学戦略的研究基盤形成支援事業の助成を受けて進めてきた研究プロジェクトの成果として刊行されるものです。

2 亀岡モデルとは何だろう？

立命館大学地域情報研究センター長・政策科学部教授　鐘ヶ江秀彦

　昭和の高度経済成長期には、テクノロジーとイノベーションによって21世紀はバラ色の世界が待っているとみんな思い描いていました。その象徴である鉄腕アトムはアトム（原子）の子だったのです。1980年代にはジャパン・アズ・No.1といわれて、日本の国土全体の価格でアメリカ合衆国全体が7つ買えるほどのバブル経済となったのでした。
　より良い未来を現実のものとするため、まずは道路や鉄道、橋、港湾に空港、学校や図書館、ダムやトンネルといった社会基盤（インフラ）整備といわれるハードウェア・プランニングの専門家教育が戦前から戦後も一貫して必要とされてきました。このため建築学科や土木学科が教育を担ってきました。これをプランニングスクールの第一世代といいます。
　高度経済成長期に入り、東京大学に工学部都市工学科、東京工業大学に工学部社会工学科、そして筑波大学に社会工学群という3つのナショナル・プランニングスクールが開設されました。これがプランニングスクールの第二世代です。都市にモノ（ハード）があることが大事というプランニングから、都市生活には公害はあってはいけないし、緑や公園も大切ですよと、都市居住と都市発展の価値やアメニティといった部分でのせめぎ合いまでも扱ったので、住民参加や議論の方法などのソフトウェア・プランニングと呼ばれています。
　さて日本でバブル経済が崩壊する前あたりから世界中でも市民社会が再度台頭してきました。その代表的な出来事がリオ・デ・ジャネイロで開催されたアースサミットです。これはその後、京都議定書で有名な気候変動枠組条約へとつながって行きます。ちょうど時を同じくして、日本では政策系の学部が設置され始めました。そこでは政策をキーワードに、公共政策や経済政

策、政策評価や計画はもちろんのこと環境や防災、市民社会やNPOなど多彩な領域の教育を行うようになったのでした。これが市民社会における21世紀型のプランニングスクールの第三世代なのです。このような状況を東京工業大学の社会工学科設立に関わった故熊田禎宣先生は、1980年代にすでにコミュニティプランナー育自の時代が到来すると予言されていたのです。これにふさわしい多世代間の新しいプランニングスクールを多くの人々の手で構想することが必要だと生前力説されていました。大学という高等教育機関の卒業生だけでなく、もっと多世代のかかわりと相互の学習を通じて、リスクを減らし、可能性を高めるプランニングの方法を終わることなく学習し続けること。これが上杉鷹山構想と呼ばれる、生涯学習を含めたプランニングスクールの第四世代なのです。

　政策分野は、社会科学だといわれます。社会科学は経験主義を基本とします。ここで言う経験主義とは、必ず誰かによって記述されていて、その証拠に基づいた知見を導いて、より多くの経験の記述をもとに、ある現象をより良く説明するという演繹推論を使うことの多い学問上の基本枠組みです。記述とは、京都マンガミュージアム館長で脳科学者でもある養老孟子氏によれば「閉じ込められ変化しない過去の情報だ」と多くの書に記しています。つまり過去の変化しない情報の分析が社会科学の基本です。政策系の学部の多くは過去に踏まえるという点だけを共有した総合政策という冠で社会科学の併置、つまり方法論的個人研究をバラバラなままで寄せ集めるだけでいいのだという立場を取っています。もちろん計画理論や計画の科学を核に据える政策系の学部や、環境や情報、防災あるいは安全を政策の核に据えた政策系の学部では、未来学や予防原則、仮説検定推論をベースにするといった経験主義によらない学問上の枠組みで政策教育を展開するところもあります。

　さて、今年は21世紀が始まって11年経ちました。我々は変わることができたのでしょうか。近代以降に、産業革命をはじめとするテクノロジーとイノベーションの連続が明るい未来を開き、バラ色の未来が待っているのだと信じてきました。このようなテクノロジーとイノベーションの連続は、人権

はじめに

や社会保障、安全保障や社会運営や統治といった点でも、明日は昨日よりももっとましな世界になってゆくのだという進歩主義があるのだと肯定しています。コミュニティプランナーの時代にふさわしい政策の科学とパラダイムには、社会科学の経験主義（過去から説明し、過去から学ぶ）の限界を超えてゆくときが来ています。

電源開発と呼ばれる国家発展にはエネルギー確保が第一課題だとして、水力発電ダムや原子力発電所も、はじめは専門家だけが議論し、専門家によって計画が練られて建設が始まりました。このような計画立案に第一世代のプランナー達はかかわり、日本の未来は心配ないと、アトムの子はバラ色の未来を示したように思っていました。その後の電源開発は住民達への専門家からの情報提供によって、税金投入や雇用確保を材料に使い、反対派を説得することを合意形成と呼ぶ方法がとられてきました。これには賛成派側にも、そして反対派側にも第二世代のプランナーがかかわってきました。

誕生から２０年近くを経て、第三世代のプランナー達は、まちづくりやボランティア活動にも多く関わってきています。政策科学の根幹をなす計画科学では、未来という将来の情報をどう扱い、例えばどのようにリスクを低減させるのかについて、過去から現在そして未来というだけでなく、未来から現在へと逆算するバックキャスティングのような方法論と考え方も学んでいます。政策系の大学で市民のコミュニティプランナー育成が開始されたのです。それは一村一品のリーダーや地域活性化の担い手としても、またNPOやNGOでの活躍もあたりまえの時代が到来したことを意味しているのです。

今回の東日本大震災をきっかけに、市民全員が自分たちの地域やコミュニティの未来とリスクについて語り合うことが必要であり、これを地域社会で考え、対応策も含めてシェアすることが必要なのだと考えるようになりました。ここには多くの地域住民が対話に参加して、自分達の公共圏を考えるという行為もみられるようになってきましたし、そういった場において、小さな懸念でも、愚かな議論でも堂々と対話ができる場の持ち方や、そのマインドとそれでいいのだという他者の考えを知るという生涯学習の考え方も取り

入れられるようになってきています。その意味でも、多様な主体が多様にリスクを評価し、対話する。そのような態度が人々の心の灯火(ともしび)として広がることが大切だと説いた上杉鷹山の求めたプランニングスクールへの広がりを求める時代背景が亀岡市保津地域での活動にはあるのです。

　海外では政府の専門委員会はNPOが人員を公平に選定しなければ委員会を招聘できない国々も出てきました。地上デジタルや携帯電話もそうですが、原子力発電や電信、ガス灯や蒸気機関車といった鉄道も都市に新たなテクノロジーを導入してきた歴史です。欧米ではすでに住民が直接集まって討論会をひらくコンセンサス会議や参加型テクノロジーアセスメントという直接民主制も着実に対話を積み重ねています。

　亀岡市はWHOのセーフコミュニティの認証では国内でトップを走り、地域住民が多様なリスクをどのようにして減らすかについて実績を積み上げています。そして石田梅岩による生涯学習都市の元祖ともいえる都市です。そのような場で「農山村部におけるクルベジ®農法を核とした炭素隔離による地域活性化と地球環境変動緩和方策に関する人間・社会次元における社会実験研究」が胎動しました。これはポスト京都議定書を見据えた排出量取引、地域の未利用バイオマスの炭素固定であり、農産物エコブランド化、地域の活性化や食育による生涯学習を通じた都市部から農山村部への資金還流モデルの設計を含んだ壮大な社会実験です。二酸化炭素の大幅な削減を実現するためには技術および社会システムの抜本的な改革が不可欠です。これが「炭素貯留農法(通称：クルベジ®農法)」を通じた炭素隔離の本当の意味なのです。

　地球温暖化の原因は人間の経済活動や生活なのは確かだと国連も認めています。地球全体の問題を地域の取り組みを通じて改善して、地域の人々も、世界の人々も、そして経済活動や産業もハッピーになるという三方よしの方法なのです。このような生涯学習を通じて心の灯火(ともしび)を広げ、みんながハッピーな未来をもたらすことこそ、コミュニティプランナーの時代なのです。ちょっとシンドイところもちょっとずつシェアしながら、そんなイイトコ取りを実現すること、これこそが亀岡モデルです。

第1章
亀岡カーボンマイナスプロジェクトの概要

＜コラム 1-1 ＞カーボンマイナスの仕組み①〜地球温暖化と炭素循環〜
＜コラム 1-2 ＞クルベジ®の生産から流通まで

第1章　亀岡カーボンマイナスプロジェクトの概要

1　背景

　日本では「地球温暖化」に対して、二酸化炭素削減を中心とした様々な取り組みが展開されていますが、世界的には、「気候変動（Climate Change）」が問題の核心となっています。二酸化炭素の増加によって引き起こされる問題とは、気温が数度上下するといったことではなく、地域の気候のパターンが大きく変化し、その結果として農作物の収穫量が減少したり、住環境が極端に変わったりすることです。そういった気候変動への適応策として、特に発展途上国においては食料確保が切実な問題となり、農業の重要性はよりいっそう高まっています。

　その一方で、日本においては農山村部における産業衰退による過疎化や、それに伴う農村環境の荒廃が大きな課題となっており、地域振興が叫ばれて久しい状況が続いています。また都市部においては、近年中に企業への温室効果ガス排出規制がかけられると予想されるなか、具体的かつ効率的な温室効果ガス削減の手法がいまだ示されていないのが現状です。また一般消費者は、環境に対する協力意識は高いものの、具体的手法・手段の選択肢はあまり多くありません。

　そこで、2008年11月から立命館大学地域情報研究センター、龍谷大学地域人材・公共政策開発システム オープン・リサーチ・センター（LORC）、亀岡市など地元関係機関の連携によって、亀岡カーボンマイナスプロジェクトを進めています。具体的には、亀岡市内追分町・保津町の農地で、未利用バイオマス（未利用竹材・間伐材等）から作られた炭（バイオ炭）を牛フン堆肥に混ぜて散布し、無機炭素であるバイオ炭を土の中に入れて貯留する実験を進めています。このプロジェクトの狙いは、石油などの化石燃料等の利用により増加する二酸化炭素量を、バイオ炭を埋めることによって相殺（オフセット）し、そのオフセット分を排出量取引によって農山村部から都市部の二酸化炭素発生者へ販売することです。また、このバイオ炭堆肥を使った炭素貯留農法によって栽培された農作物を「地球を冷やす野菜＝クールなベジタブ

ル」(略称：クルベジ®)と称し、エコブランド化と地域内循環を図っています。このように排出量取引や高付加価値商品の販売によって、都市部の資金を農山村部に流入させることで、二酸化炭素削減と経済の活性化を実現するための、地域協働による社会システムの開発を目指しています。

2008～2010年度は、主に以下の4点について実証実験、調査・研究を行ってきました。
　①バイオ炭の田畑への土中埋設を通じた炭素貯留実験
　②主たる資金還流方策として、炭素貯留に基づいた農業者と企業間での二酸化炭素排出量取引制度の設計
　③副次的な資金還流方策として、農作物エコブランド戦略の設計とマーケティング
　④京都府の「京都エコポイントモデル事業」との連携可能性の検討

2　主たる研究センターの取り組み
①立命館大学地域情報研究センターの取り組み

　立命館大学地域情報研究センターは、1999年に、政府、自治体、企業、市民等と広く社会的ネットワークを形成するなかで、地域の物的・知的資源を活用した学術研究を行い、教育・研究活動に資することを目的として設立されました。とりわけ、地域社会の公共情報、地域の産業・技術情報に注目し、地域社会のネットワークや地域史、人々と社会の関係などをテーマとした研究と、それを通した人材育成を展開することによって、地域を基軸とするあらたな研究領域・方法の開拓と、より良い地域社会の形成に貢献するという「地域科学」の実践を目指しています。

　亀岡カーボンマイナスプロジェクトにおける取り組みでは、農山村部で地域バイオマスの炭化物を農業利用することによって埋設・炭素貯留を行い、二酸化炭素排出量取引によって都市部から農山村部に資金が流れる新たな仕組みを設計し、その実効性を検証しています。2008年度は、バイオ炭の田畑散布を通じた温室効果ガスの発生抑止実験として、亀岡土づくりセンターの

第1章　亀岡カーボンマイナスプロジェクトの概要

協力によるバイオ炭堆肥製造実験や、農事組合法人ほづの協力による炭素貯留農法での小麦の栽培、京都学園大学との連携による土壌中の炭素貯留量の定量、農作物生育実験などを行いました。2009年度は、保津カーボンマイナス協議会・京都大学とも連携し、温室効果ガス（CO_2、CH_4（メタン）、N_2O（亜酸化窒素））の排出・吸収量を測定し、炭素貯留効果の試算を行うほか、地域で課題となっている放置竹林を活用した無煙炭化器による竹炭製造を行いました。さらに、竹炭を混ぜた堆肥によって生産されたキャベツを実際に出荷し、市場調査を行いました。

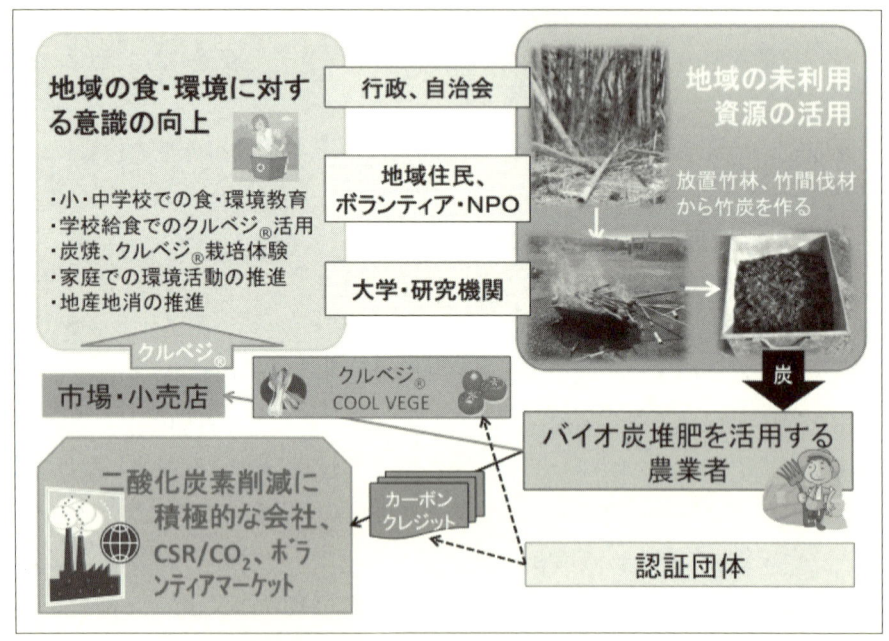

図1-1　亀岡カーボンマイナスプロジェクトイメージ図

②龍谷大学LORCの取り組み

　龍谷大学LORCは、フェーズ1（2003〜2007年度）、フェーズ2（2008〜2010年度）の計8年間にわたって、国際的な共同研究体制のもとに、持続可能性を実現するための地域における公共政策と、それを支える人的資源の開発に

ついて研究を進めてきました。フェーズ2に設置された第3研究班「協働型公共政策研究班」では、亀岡市を具体的なフィールドとして、フェーズ1で開発・試行された協働型地域社会システムの仕組みや政策を地域社会に定着させる複数の研究プロジェクトを立ち上げ、実践的研究を展開してきました。

亀岡カーボンマイナスプロジェクトにおいては、環境活動に市民が主体的に関わることができる仕組みを作るために、保育所や小学校における食育・環境教育を通じて、家庭での環境活動の推進とクルベジ®への理解を高める取り組みを行うとともに、学校や家庭での環境活動について一定の評価をし、エコポイントやグリーンベルマークのような形で、学校や地域にインセンティブが還元できるよう、地元の銀行や企業、市民の協力や出資を得られるような社会システムの構築を目指しています。

2009年度は、NPO法人地域予防医学推進協会の協力を得て、亀岡市立保津保育所で計6回の食育教室を実施し、栄養素の基礎や食生活、環境問題などに関する紙芝居や調理体験、親子で取り組むエコ手帳などを実施しました。2010年度は、亀岡市立学校給食センターを通じて、亀岡市全18小学校にクルベジ®を活用した給食の提供を行うとともに、環境教育や農業体験などの取り組みを積極的に行っているいくつかの小・中学校ではクルベジ®の栽培や調理体験、エコチェックシートなどへの取り組みを行い、学校や家庭における環境活動への意識を高め、エコポイントによる取り組みの評価の可能性について検討しました。

亀岡カーボンマイナスプロジェクトでは、このような大学による実証実験、調査・研究の推進において、亀岡市の企画政策課をはじめとし、各部署が横断的な連携体制をとるほか、農事組合法人、教育機関、NPO・市民活動団体など、地域の多様な組織が役割分担をしながら積極的に関わっていることが特徴です。2011年度以降も、これらの成果を踏まえ、実証実験や、検討を進めてきた社会システムの実装を進めていく予定です。

第1章　亀岡カーボンマイナスプロジェクトの概要

| コラム1-1 | **カーボンマイナスの仕組み①**
〜地球温暖化と炭素循環〜 |

龍谷大学地域人材・公共政策開発システム
オープン・リサーチ・センター（LORC）リサーチアシスタント
定松　功

地球温暖化の仕組み

　近年、新聞やテレビをにぎわせている地球温暖化の主な原因は、石油や石炭や天然ガスといった化石燃料を地下から採掘し、大量に使用することによって大気中の二酸化炭素やメタンガスといった温室効果ガスが増加し、太陽から伝わる熱が大気圏外に放出されにくくなっているからだと言われています。第一次産業革命によって石炭の使用の増加、第二次産業革命による石油の使用の増加とそれに伴う人間活動の増加や森林破壊が温室効果ガスを増加させており、大気中の二酸化酸素濃度が示すように、1850年以降急激な増加傾向がみてとれます（図1-2）。

　それでは、地球温暖化の対策としてどのような方策が取れられているのでしょ

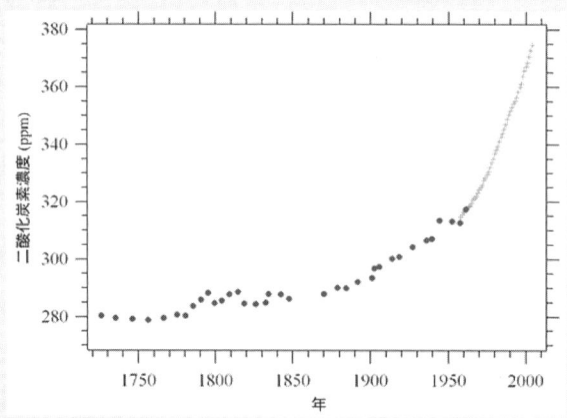

図1-2　過去250年間の大気中の二酸化炭素濃度の増加の様子

東北大学大気海洋変動観測センターの調査によると間氷期の間は大気注の二酸化炭素濃度は、ほぼ280ppmで安定していたが、産業革命以降から増加傾向がみられ、1960年以降から急激な増加傾向がみられるという。
出所）東北大学理学研究科大気海洋変動観測センター
http://tgr.geophys.tohoku.ac.jp/index.php?option=com_content&task=view&id=16&Itemid=33（2011年3月現在）

18

うか。日本ではここ数年、温室効果ガスの排出削減の目標として、2020年までに25％削減、2050年までに50％削減といった数値目標を目にしたことがあると思います。

　こうした目標を達成するために主に取られている対策として、化石燃料の使用そのものを削減する取り組みが行われています。これには２つの主な取り組みがあり、１つはエネルギー消費量そのものを減らす省エネです。家庭では使わない部屋の蛍光灯を小まめに消す、なるべく自動車を使わない、エアコンを使いすぎない、なるべく新しい省エネ型の家電製品に切り替えるなどエネルギーを上手に使う取り組みです。工場やビルなどの産業部門でも同様の省エネ対策の取り組みが進められています。

　もう一つの脱温暖化対策としての取り組みは、太陽光発電や風力発電といった自然エネルギーの利用や、間伐材や家畜の排せつ物などのバイオマス資源※を使って電気、ガス、熱などのエネルギーを作り出す取り組みです。この取り組みでは、化石燃料を使わずに電気や熱といったエネルギーを作り出すため、化石燃料の使用を減らし、そこから排出される温室効果ガスを直接的に削減していくことができ、新エネルギー政策として技術開発が進められています。

　　※バイオマス資源：家畜排せつ物や生ゴミ、木くずなどの動植物から生まれた再生可能
　　　な有機性資源

大気中の炭素循環※の仕組み
　図1-3は二酸化炭素について大気中での炭素循環を説明しています。図中の①カーボンプラスとは化石燃料を地中から取り出して使用することにより、大気中の二酸化炭素が増加していくプロセスです。これによって、大気中の二酸化炭素濃度が増加し、気温の上昇につながっているのです。

　　※炭素循環：人間による化石燃料の燃焼とそれによる二酸化炭素の大気への排出を含め
　　　た、地球上の炭素の排出、吸収のメカニズムの循環系のことをいいます。大気中の二酸
　　　化炭素の増減に関する用語として、排出される二酸化炭素が吸収される二酸化炭素を
　　　上回る場合はカーボンネガティブ＝カーボンプラス、排出される二酸化炭素が吸収さ
　　　れる二酸化炭素を下回る場合はカーボンポジティブ＝カーボンマイナスという用語が
　　　用いられることもあります。

第1章　亀岡カーボンマイナスプロジェクトの概要

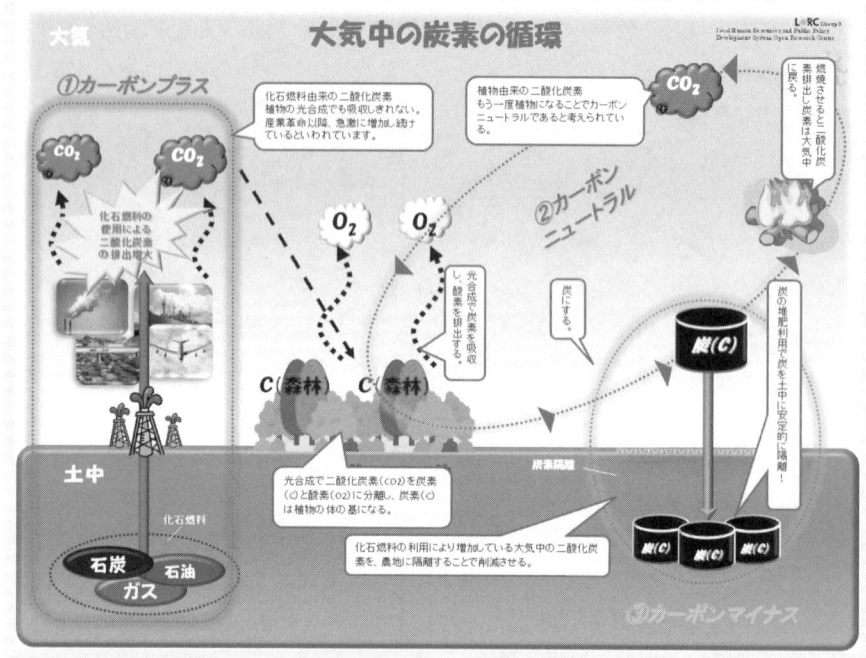

図1-3　大気中の炭素の循環

　次に②カーボンニュートラルの考え方です。植物の成長過程では光合成を行い、大気中の二酸化炭素を吸って酸素を出すことで植物のエネルギーや組織の一部として炭素を固定化しています※。従って、間伐材や樹木などのバイオマス資源を燃やして二酸化炭素が一時的に排出されても、それは元々植物が光合成によって大気中の二酸化炭素を分解して取り込んだ炭素なので、長期的に見ると大気中の炭素の量が増加したことにはならず、二酸化炭素の総量は理論的には増加しないとう考え方です。先ほど説明をしたバイオマス資源の利用による温暖化対策というのはこの考え方に基づいています。

　　※植物が育って自分の細胞を作るには光合成という光を使った作用で二酸化炭素を取り
　　　込み、炭素だけを自分の体に残し酸素を吐き出します。その結果として炭素を細胞内
　　　に持つ多くの植物が成長します。

炭素隔離の仕組み
　それでは、亀岡市で実施しているカーボンマイナスの仕組みとはどのような考え方に基づくのでしょうか。
　通常、樹木などの有機物をそのままの状態にしておくと、樹木の寿命がくると腐敗が進み二酸化炭素やメタンガスなどの温室効果ガスを排出します。一方で、植物を無機物である炭にすることで、植物が大気中から取り込んだ炭素を長期間にわたって固定することができます。ただし、この炭を燃料として燃やしてしまうと、カーボンニュートラルとなってしまいます。
　亀岡カーボンマイナスプロジェクトでは、この炭を燃料として使用するのではなく、農業用土壌改良材として活用することで土中に埋設し、炭として固定された炭素が再び大気中に放出されないようにします（炭素貯留）。このプロセスを示したのが図1-3における③カーボンマイナスとなります。要するに炭を農地に埋設して農作物の生産を行い、炭素を貯留するということです。そして、炭による炭素貯留を行った農地で栽培された野菜を「クルベジ®」と名づけました。
　亀岡カーボンマイナスプロジェクトの特徴として、植物が取り込んだ炭素を炭にして土中に閉じ込めるプロセスを繰り返すことにより大気中の二酸化炭素を直接的に削減していくことができ、過去に排出された二酸化炭素も含めて大気中の二酸化炭素を削減することを目指しています。ただし、炭を作る過程や、農地に炭を運搬するプロセスで、二酸化炭素を多く出してしまっては意味がありません。そこで、放置竹林などの身近な地域のバイオマス資源を活用し炭作りを行うことで確実な二酸化炭素の削減につながる地域循環のモデルづくりを行い、市民が参加できる温暖化対策を進めています。

第1章　亀岡カーボンマイナスプロジェクトの概要

| コラム1-2 | **クルベジ®の生産から流通まで** |

立命館大学大学院政策科学研究科博士課程前期課程　関谷　諒
立命館大学グローバル・イノベーション研究機構
ポスト・ドクトラル・フェロー　熊澤　輝一

クルベジ®ができるまで

　クルベジ®は、①バイオ炭の原料の回収→②バイオ炭の製造→③バイオ炭堆肥の製造→④バイオ炭堆肥の散布・農作物の栽培→⑤流通という5つの過程を経て店頭へ並びます。亀岡での取り組みを例に、それぞれの過程を見ていきましょう。

①バイオ炭の原料の回収

　バイオ炭の原料には、モミ殻や間伐材など地域で未利用の資源を使います。亀岡周辺では管理放棄された竹林が増加しており、地域の厄介者になっています。現在は地域の竹材店の未利用材、管理放棄された竹林の伐材を主に回収しています。

　バイオ炭の原料として、循環的な竹林の利用方法を検討しています。竹は再生能力が速く、恒常的に原料を確保するための有力な資源です。竹を効率的に回収することで、二酸化炭素削減および経済性の両方の効果を高めるのが目標です。

※**バイオ炭**：バイオマスを炭化して作る炭化物をバイオ炭(チャー)といい、農業未利用バイオマスや、森林からでてくる材木として使えない森林未利用バイオマス等を使ってバイオ炭を作ることが望まれます。

管理放棄された竹林

効率的な整備が可能な機械
ブッシュチョッパー

②バイオ炭の生産（炭化）

①で回収した未利用資源をその地域でバイオ炭にします。炭焼きは通常、長時間かつ高い技術が必要とされます。しかし、私たちが実験に用いた『簡易炭化器』は、短時間かつ比較的容易に炭化が可能です。この炭化器を用いて炭化を行いました。〔この炭化器で製造したバイオ炭の炭素率は85％前後で、一般的な竹炭79～82％と同等でした（池嶋、1999）[1]〕

1）池嶋庸元著、岸本定吉監修「竹炭・竹酢液のつくり方と使い方-農業・生活に竹のパワーを生かす」財団法人農村漁村文化協会、1999

短時間で誰でもバイオ炭を作れる簡易炭化器

③バイオ堆肥の製造

②で製造したバイオ炭を地域の堆肥センター（亀岡市では「財団法人亀岡市農業公社」）に運搬し、バイオ炭を砕き、粒の大きさ調整した後、堆肥と混合します。ここでバイオ炭と堆肥を混合することによって、堆肥とバイオ炭を各々で散布する手間が省け作業効率が向上します。

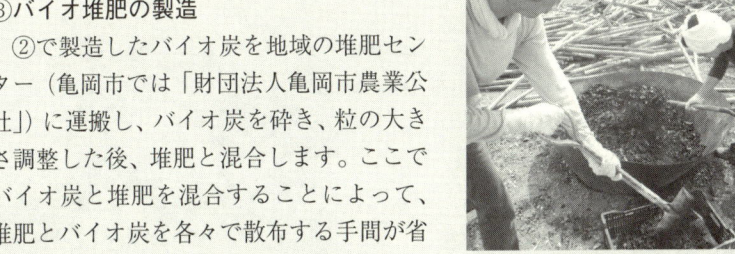

炭焼きの様子

④バイオ炭堆肥の散布・農作物の栽培

③で製造したバイオ炭堆肥を各農地で散布し、農作物を栽培します。

バイオ炭堆肥の散布の様子

第1章　亀岡カーボンマイナスプロジェクトの概要

・農作物の収量調査

　これまでに、バイオ炭を施用した農地において、作物の収量調査を数回行いました。私たちの結果では、バイオ炭を施用していない区画（慣行栽培）と比べて、収量に概ね大きな差は見られませんでした。このことは、「バイオ炭を施用しても作物に悪影響が生じない」と考えられ、炭素貯留のためにバイオ炭を農地に入れることは問題ないと言えるでしょう。

地域の児童が参加した麦踏み

麦の収量調査

⑤流通

　これまでに「生活協同組合コープこうべ」（神戸市）、西本願寺での納涼祭（京都市）、みやこメッセでの地域力文化祭（京都市）にて販売実験を行いました。多くの方にご購入いただき、中には非常に私たちの取り組みに共感して下さった方もおられました。

　今後どのように、一般消費者にPRしていくか、また安定的な供給能力が、クルベジ®の普及への鍵となっています。

販売実験の様子

> クルベジ®は、クールなベジタブルの略で、クール＝冷やす・かっこいい＋ベジタブル＝野菜から、"地球を冷やすかっこいい野菜"という意味を持っています。

クルベジ®のロゴ

24

第2章　主な関係機関の取り組み

1　亀岡市の取り組み
2　龍谷大学の取り組み〜参加型環境政策の展開〜
3　立命館大学の取り組み
　　〜炭素貯留農法の実証実験とプロジェクトの全体構想〜

＜コラム 2-1＞世界初のプロジェクトに挑戦！
＜コラム 2-2＞縦から横への連携
＜コラム 2-3＞カーボンマイナスの仕組み②
　　　　　　　〜炭を使った二酸化炭素削減方法〜

第2章　主な関係機関の取り組み

1　亀岡市の取り組み

亀岡市市民協働課副課長兼係長　田中　秀門

1　亀岡市の概要

　亀岡市は、昭和30（1955）年1月1日に1町15カ村の合併によって誕生しました。位置的には京阪神の大都市圏に隣接し、またJR嵯峨野線の複線電化工事の完成や、京都縦貫自動車道の整備によって利便性と快適性に優れています。

　平成20（2008）年3月には、世界レベルでの安全・安心のまちづくり推進自治体として、日本で初めて「セーフコミュニティ認証」をWHOCC（世界保健機関セーフコミュニティ協働センター）から受けるなど、行政と市民が力を合わせ、協働のまちづくりを進めています。

　また、亀岡市の特徴の一つは、京都府内最大級の農地を有すると共に、市域を貫流する保津川の川下りや、湯の花温泉、トロッコ列車、更にはウオーキングなど年間220万人の観光客が訪れ、近年自然派志向の方々の絶好のスポットとなっています。

　現在の亀岡市の主要施策としては、市民と行政との協働で進めるセーフコミュニティの取り組みをベースに、道路や上下水道、情報通信網等の生活基盤整備はもちろんのこと、市内観光入りこみ客増大や、地の利を活かした農業生産高の増大を目指しています。これら施策が、今回のカーボンマイナスプロジェクトと関連しています。

26

セーフコミュニティの取り組みは、元々WHO（世界保健機関）の主要施策である健康対策（ヘルスプロモーション）に、それを阻害する要因である外傷（怪我・不慮事故等）の未然予防を主体とした取り組みですが、カーボンマイナスプロジェクトで生

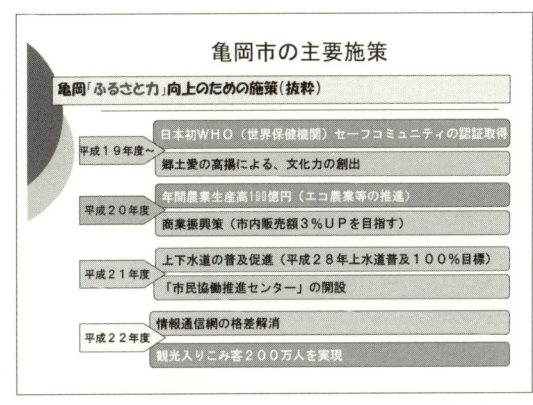

産された安全な地域産農作物（クールなベジタブル／クルベジ®）を地産地消で提供することは、食の安全という意味から最終的には市民の健康管理に活かしていけることとなり、健康対策（ヘルスプロモーション）にもつながる可能性があると考えています。そして、クルベジ®通じた農業生産の拡大や、農業観光をあわせた新しい農村の取り組みについての観光のモデルを作っていけないかと考えています。

　このような取り組みを推進するためには、現実的には色々な課題があります。亀岡市の３大観光といえば、保津川下り、湯の花温泉、トロッコ列車がありますが、現在は３大観光を活用した観光客の滞留が課題となっています。様々な施策を試みていますが、決定的に滞留できる仕組みを作れないかと考えています。もう１つ農業生産高の増大については、数年前に実施した調査結果からは、亀岡市内生産物の市内留保率が50％に満たないという結果が出ています。要は半数以上が市外に流出し、その分が市外から流入しているということです。

　こういった地域課題の原因は、京都府内最大級の農耕地面積を有効活用し、観光資源との連携がうまく取れてないのも１つですが、地方分権の時代にあって、少子高齢化社会が進む中で、市民も自分達の町の将来像をどのように作っていくかといった住民発想の活性化施策に向けた意識の高揚がまだまだ十分ではないことも１つの課題ではないかと思います。

2　カーボンマイナスプロジェクトの取組経過

　本市におけるカーボンマイナスプロジェクトの取組経過を遡ると、平成12(2000)年に環境基本条例を制定し、平成14(2002)年3月に環境基本計画を策定、そして同計画に基づいて、平成16(2004)年に地域新エネルギービジョンを策定しました。その後、市内における未利用バイオマスの賦存量を調査した結果、市域の大半が山林であることから、資源量は豊富にありましたが、その利活用については莫大な経費がかかるため未着手の状態でした。

　このような中で、都市圏に隣接し、実証実験地として広大な農地が必要とのことで、立命館大学、龍谷大学から、カーボンマイナスプロジェクトの取り組みに声をかけていただきました。同プロジェクトの推進にあたっては、立命館大学、龍谷大学LORC、京都学園大学、(財)亀岡市農業公社、そして実証実験農地を提供いただいている京都府内最大級の農事組合法人ほづが、プラットフォームを形成し、それぞれの役割分担をもってプロジェクトが進められています。

　平成21(2009)年に地球温暖化対策地域推進計画を策定し、2018年には1990年比でCO_2を10％削減を目標として掲げていますが、世界に類を見ない地域性を活かした地球温暖化防止プロジェクトとして、「カーボンマイナスプロジェクト～地域の未利用バイオマスを炭化し、土中埋設することで結果的にCO_2の削減を図る～」が現実化することを期待しています。

　今回の実証実験がスムーズに進んだ要因としては、広大な実験圃場が確保できたことが大きいと思います。プラットフォームの構成団体である農事組合法人ほづは、圃場整備の換地に合わせ、農業営農後継者が非常に不足している中、農業を継続できない地権者と交渉し、農地を一体化して「農業団地」を作りました。その維持管理を法人が行い法人収益を上げることとし、現在約5ヘクタールを管理しており、この農地を活用していけないかということで、協力いただくこととなりました。法人自体もその農地を活用して「新たな環境に配慮した農業展開」を模索しており、双方合意の上でプロジェクトを進めることができました。

このプロジェクトは、大きく分けて3つの役割分担のもとに進めています。1つは、未利用バイオマスの炭化作業と土壌埋設による影響調査、そして炭を埋設した農地でできる野菜（クールなベジタブル／クルベジ®）のマーケティング、それと炭素埋設量にかか

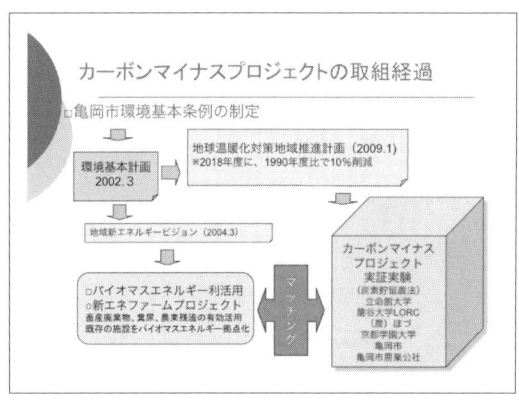

る二酸化炭素排出権取引の制度設計といった技術面での取り組みを立命館大学地域情報研究センターに担っていただいています。そして、クルベジ®を使った食育教育と環境教育展開等といったソフト面での展開や、地域でのコミュニティビジネスの展開を龍谷大学LORCで担っていただいています。そして、地元の農事組合法人ほづは、この圃場の管理運営と作物の栽培管理を担っています。

これらを総合的に進めていくためのプラットフォームが、「保津カーボンマイナス協議会」です。今回のプロジェクトにおける地域の未利用バイオマスについては、放置竹林の竹を炭化し活用することに着目しています。簡単に言えば、地域の廃棄物を有効的に活用しようとするもので、「地廃地活」も環境保全に欠かせないところです。そのため、地元住民が主体となって「ほづ竹林整備協議会」という新たなプラットフォームも形成され、2つの協議会が連携しこのプロジェクトが展開されています。亀岡市では、企画政策課、市民協働課、農政課、教育委員会、

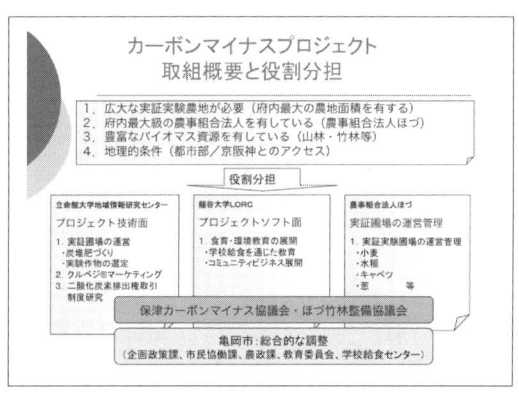

学校給食センターなど、関係部署が連携し、大学や地域住民等多くのアクターが関わるプロジェクトがうまく循環するためのリエゾン機能を担っているところです。

3　保津町を中心とした取り組みの展開

　保津町は多くの竹林が茂り、昔から多くの竹屋（竹材店）が存在しました。現在も4軒の竹屋（竹材店）があり、竹で生計を立てておられます。昔は建築物や農業に竹は欠かせない存在でしたが、現代社会では竹の使用が極端に減っています。それと並行して放置竹林が非常に増え、環境を悪化したり、有害鳥獣の住家となり、農作物への被害も大きな地域課題となっています。こういった放置竹林を伐採して炭化し、土壌に埋設し、結果的にCO_2削減につながることは、一石二鳥の取り組みです。現在、放置竹林を伐採し、簡易炭化器での炭化作業を竹林整備協議会が中心となって進めています。

　また、40アールの実証実験圃場では、この地域がかつて優良な小麦の産地であったことから、小麦を栽培しています。麦の栽培過程で「麦踏み」があります。これは、麦の成長段階で10cm程度芽を出した時に、人の足で踏みつけ、麦が強く育つように行う昔ながらの農作業です。こういった農作業を地元小学校の総合教育や総合学習の中に組み入れているとことで、子ども達にも取り組みに参加してもらっています。また今回のプロジェクトでは、NPO法人の協力を得て、紙芝居を作成し、親子で学べる食育・環境教育機会の提供を地元保育所で取り組み、その成果を経て、小学校での取り組みに発展しています。

　更に、保津町の山林の奥地に非常に広い平地があり、有害鳥獣がたくさん出るということもあり、この平地に地元住民が育てたどんぐりや樫の木を約300本、子ども達と一緒に100人位で植林を行いました。この時にも植林時の保水材や土壌改良材として、竹炭を苗木の根元に埋設する等、農地還元だけではなく、里山等保全にも竹炭の活用を行ったところです。

　そして、クルベジ®の小麦を使った地元のオリジナル産品ができないかと

いうことで、町の若手グループが集まり議論が始まりました。昼間それぞれの仕事を持っているため、幾度となく夜に集まり、色々なアイディアが飛び出しました。冬になると町中に木から腐った柚子が落ち、歩行者の安全を阻害するとのことから、「放置柚子を商品化できないか」というアイディアに特化し、その結果、ジャム、マーマレード、クッキー、タルトと試作を繰り返しました。町民試食会を何度も開催し参加者からの意見をアンケートでまとめ、改良を加えようやく完成しました。私も試食会で食べましたが、非常に美味しく仕上がっています。新産品として市場で販売するところまで漕ぎ着けました。

このような取り組みは様々な機関等に評価、表彰されてきました。亀岡市が環境に配慮した農法で頑張っているということで、平成21（2009）年度「循環・共生・参加まちづくり表彰」を環境大臣からいただきました。また、第4回マニフェスト大賞において「地域環境政策賞」にノミネートされるほか、保津町自治会が平成21年度「豊かなむらづくり全国表彰」を農林水産大臣から受けるなど、小さな取り組みですが、徐々に国内でも認められてきています。

地球温暖化防止は、行政のみで解決できる問題ではありません。地域住民や行政、大学、更には企業との協働が必要です。今回のプロジェクトはそういった意味からも、どこでも実施できる地球温暖化防止のモデルケースと言えます。今後も亀岡市から世界に情報発信していきたいと思っています。

里山保全活動で竹炭の活用

炭素貯留農法で栽培した小麦を使ったオリジナル商品の試食会

第2章 主な関係機関の取り組み

| コラム2-1 | 世界初のプロジェクトに挑戦！ |

農事組合法人ほづ代表理事　酒井省五

　地域内の厄介者である放置竹林を伐採して、炭にして土壌化良材として農地に埋設することで、土が元気になり質のいい野菜が収穫できる。更には、炭の埋設量に応じ、排出権取引によって都市部の企業などから資金が入り、農村が元気になる。こんな画期的な世界的プロジェクトの実証実験に参加させていただいています。私たちの法人は、2005年に設立して、会員は2011年現在338名です。京都府内でも最大級の農事組合法人としてこれまでも注目されてきましたが、今回の取り組みによって、視察依頼や電話での問い合わせが続いています。

　炭素貯留農法では、小麦や米、キャベツ、ネギ、飼料用米などを栽培しています。2009年は60アールの農地に炭を入れましたが、2010年は2.5ヘクタールまで増やしました。また、2010年度の小学校の学校給食に、ジャガイモ、ニンジンを提供しました。炭の効果か、収量が上がった作物もあり、朝市に出荷した際には、消費者の方からも「甘くておいしい」と言っていただきました。

　近年、野菜の価格低下で、後継者不足もあり、農業はどこもとても大変ですが、私たちの取り組みが、新たな担い手を育て、日本の農業に新たな刺激を与えることができるのではないかと感じています。そのためにも、今後、炭素貯留農法で生産した野菜に「クルベジ®シール」を添付して販売し、少しでも消費者の方に積極的に購入してもらえるよう、引き続きがんばっていきたいと考えています。

2　龍谷大学の取り組み
　　～参加型環境政策の展開～

龍谷大学政策学部准教授　井上　芳恵

1　取組概要
　龍谷大学LORCでは、亀岡カーボンマイナスプロジェクトの成果である炭素貯留農法によって生産された農産物を活用し、環境活動に市民が主体的に関わることができる仕組みとして、以下の取り組みを行ってきました。
①保育所や学校での食育・環境教育を通じて、家庭での環境活動の推進とクルベジ®への理解を高める取り組みを行う。
②学校や家庭での環境活動について一定の評価をし、エコポイントやグリーンベルマークのような形で学校や地域にインセンティブが還元でき

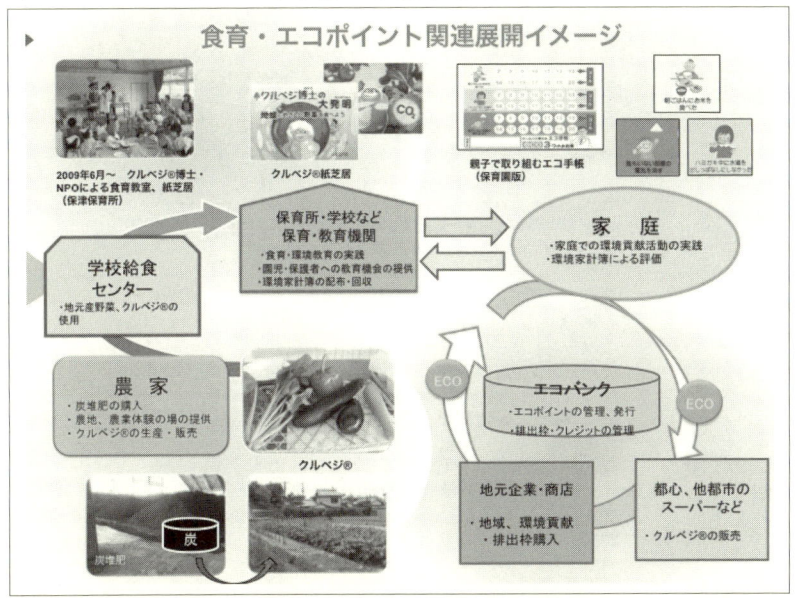

図2-2-1　カーボンマイナスプロジェクトにおける食育とエコポイントの展開イメージ

るような社会システムを検討する。

2　2009年度の取り組み～保津保育所における食育教室の開催

まず、小さなモデルの試行として、亀岡市立保津保育所において、年間を通じた食育教室の展開と、炭堆肥を入れた農園でのクルベジ®の栽培、そして保育所の給食での活用などを実施しました。食育教室の実施にあたっては、京都市内を中心に、保育所や幼稚園で健康紙芝居のプログラム展開に実績のあるNPO法人地域予防医学推進協会の協力を得て、カーボンマイナスプロジェクトオリジナルの紙芝居の開発・製作を行うとともに、計6回の食育教室を実施し、栄養素の基礎や食生活、環境問題などに関する紙芝居を行いました。あわせて、家庭において計2回、親子で環境活動に取り組むエコ手帳を実施しました。

ここでは、保育所での食育教室や家庭でのエコ手帳の実践、クルベジ®の栽培、調理、試食などを通じて、子どもとともに家庭においても、食や環境に対する意識を高めてもらい、それらの取り組みの成果として、エコポイント（グリーンベルマーク）を試行的に発行することを目的としました。

表2-2-1　2009年度取組概要

日　　程	内　　容
6月6日（土）	親子体験教室「野菜絵の具でお絵かき教室」、親子で取り組むエコ手帳パート1、アンケート調査の実施
8月29日（土）	健康紙芝居1（生活リズム・朝食とおやつ食育、3色食品群の赤群の働き）
10月17日（土）	健康紙芝居2（食育・三色食品群の働き、素材の味）
11月14日（土）	健康紙芝居3（生活リズム、食育・三色食品群の働き）
12月19日（土）	健康紙芝居4（食育・水の働き、冬の野菜）
1月23日（土）	クルベジ®紙芝居・クルベジ®博士の解説、親子で取り組むエコ手帳パート2、アンケート調査の実施
3月3日（水）	保育所理事会にて食育教室、エコ手帳の成果報告、エコポイント（食育関連教材）の進呈

①食育教室

　食育教室では、初回に野菜に親しむことを目的に保護者も交えて「野菜の絵の具でお絵かき教室」を実施するほか、NPO法人地域予防医学推進協会が作成した健康紙芝居を毎回2作ほど演じてもらいながら、園児に生活リズムや、食育、食の三色群、水の働き、冬の野菜などについて説明を行いました。毎回の紙芝居の内容については、保護者にも内容を知ってもらえるように、概要や関連資料を取りまとめ、配布しています。

　「野菜の絵具でお絵かき教室」では、野菜（ホウレンソウ、ナス、トウモロコシ、ニンジン、パプリカ）をすりつぶして野菜の汁を搾り、野菜の汁を割りばしにつけ、市販のクッキーに絵を描く体験を実施しました。また、LORCスタッフが扮するクルベジ®博士がカーボンマイナスプロジェクトと、クルベジ®、親子で取り組むエコ手帳について説明し、各家庭で2週間のエコ手帳に取り組んでもらいました。あわせて、保護者には、家庭でのエコ活動に関するアンケート調査（家庭でのエコ活動、食育・環境教育、クルベジ®について）への協力を得ました。野菜に親しむという点から、園児も楽しく作業を行うことができ、クルベジ®博士の説明によって、親子で取り組むエコ手帳への実践意識も高まったと考えます。また、2回目以降の健康紙芝居でも、読み手の呼びかけに反応を示す園児も多く、内容についても概ね理解できているようでした。

クルベジ®博士によるエコ手帳の説明

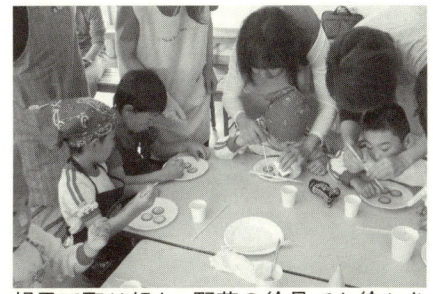

親子で取り組む、野菜の絵具でお絵かき教室

第2章　主な関係機関の取り組み

②クルベジ® 紙芝居の製作と実施

　オリジナル紙芝居の作成にあたっては、子どもを対象に、カーボンマイナスの仕組みを分かりやすく説明することがきわめて困難でしたが、クルベジ®博士、炭の棒、炭丸といったキャラクターを設定し、二酸化炭素の増加による地球温暖化の現状、博士の開発したクルベジ®システムによって、炭を埋めることとで二酸化炭素を減らす助けになることなどを盛り込んだ内容としました（紙芝居の内容については巻末資料、添付ＣＤ－Ｒ参照）。

　食育教室の最終回にこの紙芝居を実施し、加えてLORC教員が扮するクルベジ®博士が登場し、園児に質問を投げかけながら風船を用いて呼気や日々の生活から排出される二酸化炭素の量や、木による吸収量を解説し、目には見えない二酸化炭素の量を実感し、地域で採れた新鮮な野菜を食べることや、日々のエコ活動によって地球温暖化に貢献できることを解説しました。園児にとっては難しい内容でしたが、保護者にも参加してもらい、プロジェクト

クルベジ® 紙芝居（上）と紙芝居実演の様子（下）

に対する理解を深めることができたのではないかと考えています。

③エコ手帳の実施

　保護者も参加する、6月と1月の食育教室の際に、親子で取り組むエコ手帳と、保護者向けのエコチェックシート・環境家計簿、アンケートを配布し、各家庭で実践してもらいました。

　親子で取り組むエコ手帳は、「朝ごはんを食べること」、「ハミガキ中に水を出しっぱなしにしないこと」、「誰もいない部屋の電気をけすこと」の3つの取り組みについて、実践できたらシールを貼るという簡単な取り組みで、園児が楽しみながら環境活動を実践するものです。保護者向けのエコチェックシートは、京都府インターネット環境家計簿等の項目を参考にし、21項目の環境に配慮する取り組みの達成度（「できている」、「少しできている」、「あまりできていない」、「できていない」）をチェックするもので、加えて1か月の電気、ガス、灯油、ガソリンについて料金を聞きました。それらの取り組み結果については、「（有）ひのでやエコライフ研究所」で提供されているソフトを

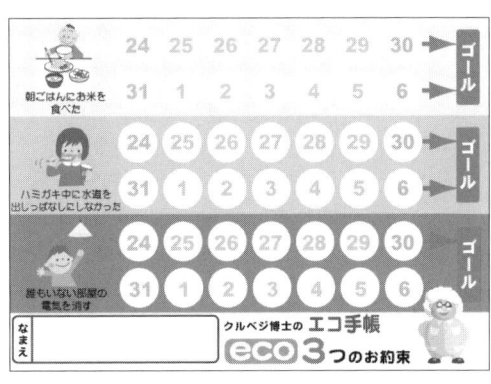

図2-2-2　親子で取り組むエコ手帳

表2-2-2　取組達成度と二酸化炭素削減量（推計）

取組項目	1回目（23名）	2回目（27名）
朝ご飯にお米を食べる	70%	61%
ハミガキ中に水道を出しっぱなしにしない	92%	87%
誰もいない部屋の電気を消す	88%	89%
二酸化炭素削減量（推計）	31,280 g	33,914 g

第2章　主な関係機関の取り組み

表2-2-3　保護者用エコチェックシートとエコライフ診断書

| 1. 衣服で調節し、冷暖房をなるべく使わない
| 2. 冷房は28℃以上、暖房は20℃以下の設定にする
| 3. 照明やテレビなどのスイッチは不要な時にはこまめに切る
| 4. 夜は主電源を切り、待機電力を減らす
| 5. 風呂から出るときには湯船にふたをする
| 6. 風呂の残り湯を洗濯などに使い回す
| 7. 洗面の水やシャワーを出しっぱなしにしない
| 8. 冷蔵庫へは熱い物は冷ましてから入れる
| 9. 食器を洗う時に、お湯の温度設定を低めにする
| 10. 鍋からガスコンロの炎がはみださないようにする
| 11. 煮炊きの時には鍋にふたをする
| 12. 洗剤は適量を計り、使いすぎない
| 13. 衣類乾燥機を使わずに、天日乾燥をする
| 14. 部屋の整理をしてから一度に掃除機をかける
| 15. 新聞紙はリサイクルする
| 16. 買い物袋を持参し、レジ袋をもらわない
| 17. 無駄な買い物はしない
| 18. 家電製品は省エネ・リサイクル性を考えて買う
| 19. 自動車ではなく、自転車又は電車やバスをできるだけ使う
| 20. 自動車の空ぶかしやアイドリング、急発進などをしない
| 21. 地元で生産された食材・野菜を買うようにしている

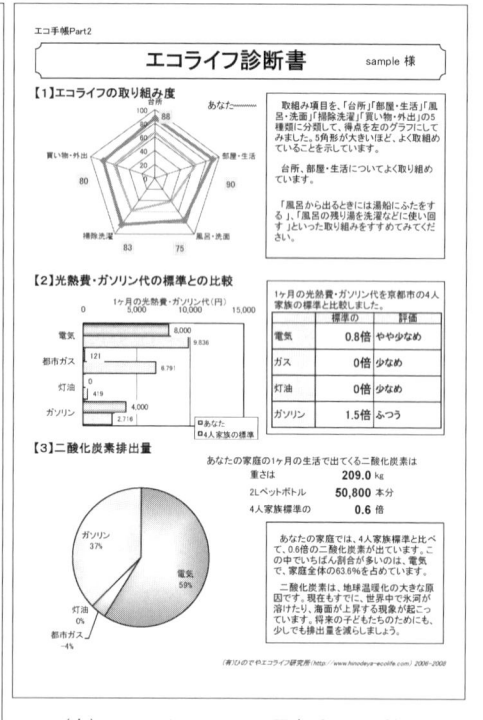

（有）ひのでやエコライフ研究所ソフト利用

活用して、分野別の取り組み度合いや、光熱費から二酸化炭素排出量を算出し、エコライフ診断書という形で各家庭に報告しました。

　6月と1月の親子で取り組むエコ手帳の取り組み成果については、季節の違いなどもあり、取り組み成果の向上はあまり見られませんでしたが、1回目は約31kg、2回目は約33kgの二酸化炭素削減（推計）につながりました。保護者向けのエコチェックシートについても、季節の違いや期間が空いたこともあり、取り組みが向上していない項目がありましたが、全体的に見ると、「少しできている」という項目が若干増えており、子どもの意識の高まりの影響もあって、徐々に家庭でも環境に配慮する取り組みが浸透してきたと考

えられます。

　このような保育所や家庭での取り組み成果に対して、子ども達に「エコ生活認定証」を、また、保育所にはエコポイントとして環境・食育関連の教材と、ミカンの苗木を進呈しました。

　④保護者へのアンケート調査
　６月と１月のエコ手帳の実施にあわせて、保護者に対して、家庭でのエコ活動や環境家計簿の実施状況、食育・環境教育の内容、クルベジ®の認知度などについて、アンケート調査を計２回実施しました。
　家庭で取り組んでいるエコ活動については、「電気・ガス・水道などエネルギーの節約」、「ごみの分別・減量」が約６割と多く、「マイバック・マイ箸の利用」、「環境に配慮した商品・リサイクル品の購入、利用」、「車をあまり使わない」など、近年の環境問題や地球温暖化に対する意識の高まりから、多くの家庭で何らかのエコ活動を実践していることがうかがえました（図2-2-3）。環境家計簿については、６月の調査時点では、約半数が知らないと回答し、取り組んだことがある人は９％にとどまりました（図2-2-4）。エコ活動を行うことで、エコポイントがもらえることについては、「エコ活動を行う意欲につながる」が４割を占め（図2-2-5）、エコポイントの利用機会としては「日常の買物等の割引」が８割と大半を占めました（図2-2-6）。
　保育園での食・環境教育の実施については、「大変良いこと（77.3％）」、「良いこと（22.7％）」ととても評価が高く、保育園で学んだことについての家庭での取り組みについても「できることがあれば取り組みたい」が８割以上を占めました。クルベジ®については、「知っている（13.6％）」、「聞いたことがある（27.3％）」で４割を占めており、購入については「同じ値段なら買う」が７割を占めました。
　１月の調査で、年間を通じて実施した食育教室の内容について園児の理解度を聞いたところ、約半数が理解できたと思うと回答する一方で、乳児の保護者を中心に、難しくてあまり理解できなかったと思うという回答でした

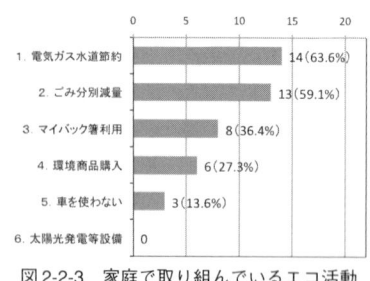

第2章 主な関係機関の取り組み

図2-2-3 家庭で取り組んでいるエコ活動（複数回答、N＝22）

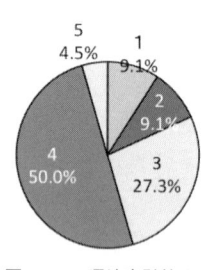

- 1. 電気ガス水道節約　14（63.6%）
- 2. ごみ分別減量　13（59.1%）
- 3. マイバッグ等利用　8（36.4%）
- 4. 環境商品購入　6（27.3%）
- 5. 車を使わない　3（13.6%）
- 6. 太陽光発電等設備　0

図2-2-4 環境家計簿やエコチェックシートについて（N＝22）

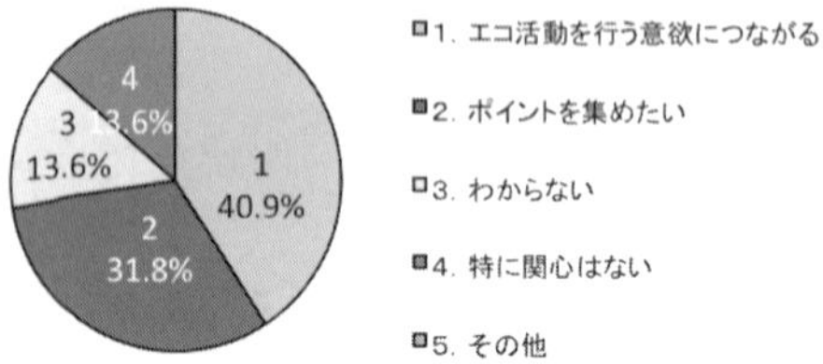

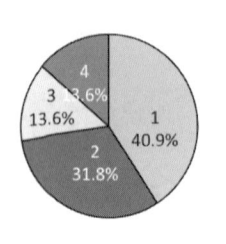

- 1. 取り組んだことがある　9.1%
- 2. 知っている　9.1%
- 3. 聞いたことがある　27.3%
- 4. 知らない　50.0%
- 5. 無回答　4.5%

図2-2-5 家庭での環境活動の実施でエコポイントがもらえることについて（N＝22）

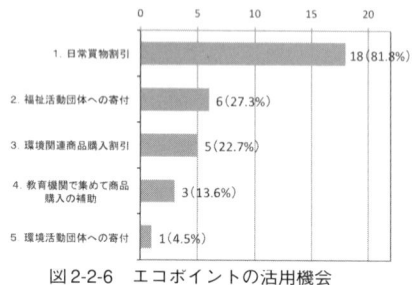

- 1. エコ活動を行う意欲につながる　40.9%
- 2. ポイントを集めたい　31.8%
- 3. わからない　13.6%
- 4. 特に関心はない　13.6%
- 5. その他

図2-2-6 エコポイントの活用機会（複数回答、N＝22）

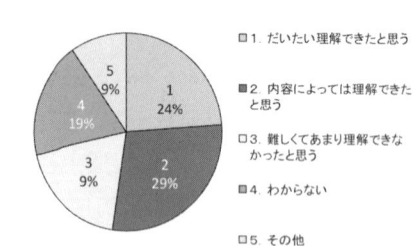

- 1. 日常買物割引　18（81.8%）
- 2. 福祉活動団体への寄付　6（27.3%）
- 3. 環境関連商品購入割引　5（22.7%）
- 4. 教育機関で集めて商品購入の補助　3（13.6%）
- 5. 環境活動団体への寄付　1（4.5%）

図2-2-7 食育教室の内容について子どもの理解度（N＝21）

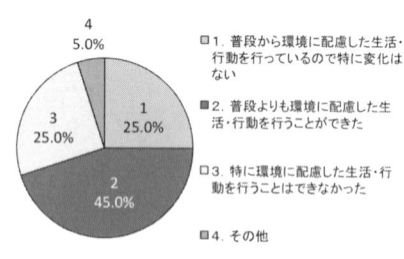

- 1. だいたい理解できたと思う　24%
- 2. 内容によっては理解できたと思う　29%
- 3. 難しくてあまり理解できなかったと思う　9%
- 4. わからない　19%
- 5. その他　9%

図2-2-8 エコ手帳に取り組んで普段の生活の変化（N＝21）

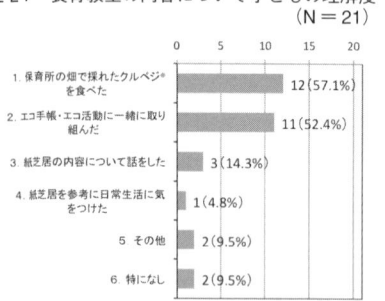

- 1. 普段から環境に配慮した生活・行動を行っているので特に変化はない　25.0%
- 2. 普段よりも環境に配慮した生活・行動を行うことができた　45.0%
- 3. 特に環境に配慮した生活・行動を行うことはできなかった　25.0%
- 4. その他　5.0%

図2-2-9 食育教室に関連して家庭で取り組んだこと（複数回答、N＝21）

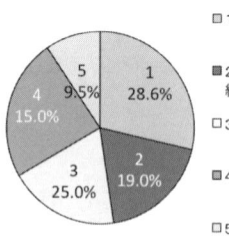

- 1. 保育所の畑で採れたクルベジ®を食べた　12（57.1%）
- 2. エコ手帳・エコ活動に一緒に取り組んだ　11（52.4%）
- 3. 紙芝居の内容について話をした　3（14.3%）
- 4. 紙芝居を参考に日常生活に気をつけた　1（4.8%）
- 5. その他　2（9.5%）
- 6. 特になし　2（9.5%）

図2-2-10 エコ手帳・環境家計簿への今後の取り組み（N＝21）

- 1. 是非取り組んでみたい　28.6%
- 2. 何か特典などがあるなら取り組んでみたい　19.0%
- 3. あまり取り組もうと思わない　25.0%
- 4. わからない　15.0%
- 5. その他　9.5%

（図2-2-7）。しかし、エコ手帳に取り組むことで、普段よりも環境に配慮した生活を行うことができたという回答が約半数見られ（図2-2-8）、食育教室で取り組んだ内容について家庭での取り組みについては、「エコ手帳やエコ活動に一緒に取り組んだ」、「保育所の畑で採れたクルベジ®を食べた」などは半数以上の家庭で取り組まれていました（図2-2-9）。

保護者用のエコ手帳については、「項目・内容ともに適当である」が半数以上を占める一方で、「高熱費の金額、使用料を調べることが手間である」という回答も3割を占めました。エコ手帳や環境家計簿については、「是非取り組んでみたい（28.6％）」、「何か特典などがあるなら取り組んでみたい（19.0％）」と約半数の家庭で、取り組みについて肯定的な意見があがりました（図2-2-10）。

これらより、保育所における食育教室や、親子で取り組むエコ手帳等は、家庭における環境活動の実践に対して、一定の効果が見られ、エコポイント等の発行によって、より活動の促進につながることがうかがえます。

3 2010年度の取り組み～亀岡市小・中学校における食育・環境教育の展開

2010年度は、2009年度の保津保育所での取り組みを基礎として、亀岡市立学校給食センターを通じて、亀岡市全18小学校に約6,000食のクルベジ®を活用した給食の提供を行うとともに、環境教育や農業体験などの取り組みを積極的に行っている4つの小・中学校でクルベジ®の栽培や調理体験、家庭でのエコチェックシートなどへの取り組みを行い、学校や家庭における環境活動への意識を高め、引き続きエコポイントによる取り組み評価の可能性について検討しました。

第2章　主な関係機関の取り組み

表2-2-4　2010年度取組概要

クルベジ®給食の提供：全18小学校
11月下旬～12月頃　計4回程度、学校給食にクルベジを使用（一部のメニュー、特定の野菜など）。また、給食提供時に、カーボンマイナスプロジェクト、クルベジ®等に関する説明チラシ等を配布し簡単に説明。
クルベジ®関連の食育・環境教育の実施：2小学校、1中学校
食育・環境教育関連の授業等の中で、カーボンマイナスプロジェクトやクルベジ®に関する説明を実施。
クルベジ®生産体験、クルベジ®関連の食育・環境教育の実施、家庭におけるエコチェックシートの実施：3小学校、1中学校
学校の農園などでクルベジ®の栽培・収穫・調理体験を行うほか、京都府夏休み省エネチャレンジ（家庭における環境活動を親子でチェック）、保護者用エコチェックシート、アンケート調査等を実施。

①関係機関との協議経緯

　2010年度、小・中学校において本格的に、カーボンマイナスプロジェクトを展開するために、亀岡市関係機関から企画調整課、市民協働課、農政課、教育委員会、学校給食センター、農作物生産者として旭町学校給食部会、農園活動に取り組む学校から本梅・保津・吉川小学校、別院中学校、大学から龍谷大学LORC、立命館大学地域情報研究センターが参加し、2009年度より関係機関による協議を進めてきました。

　小・中学校のカリキュラムは、前年度末には概ね決定することから、早い段階から協議や調整を進めるとともに、各学校によって確保できる時間や実施できる内容については違いがあるため、それぞれ対応可能な範囲で協力を得ました。また、教育委員会や全小中学校の校長が参加する校長会などで、プロジェクトの概要や進捗状況について随時説明、協力への理解をいただく中でプロジェクトをスムーズに進行することができました。また、亀岡市市民協働課による庁内外の調整により、関係部署の協力や連携、各部署や機関のアイデアを得ながら、効果的にプロジェクトを展開することができました（第2章、第3章コラム参照）。

表 2-2-5　協議・取組経緯

時期	協議・取組内容
2009年度 10月	学校における食育・環境教育の実施、家庭における食育・環境教育の推進とクルベジ®の地域内循環、地元産野菜の供給、炭堆肥の供給に係る費用、食育・環境教育の内容とそれに係る費用、野菜の供給者、購入方法
12月	協議経緯とプロジェクト概要の確認、地元産野菜の出荷状況と学校給食へのクルベジ®の導入について、炭堆肥の提供、その他
3月	協議内容の確認、保津保育所での食育教室の実施報告、エコ手帳・エコチェックシートへの取り組み、炭堆肥の提供、各校での次年度の取り組み、その他
2010年度 4月	学校給食へのクルベジ®の提供、各小・中学校での食育・環境教育の取り組みと本プロジェクトへの参加について
6月	献立、給食便り等での情報発信、各学校の農園での作付・取り組み状況、夏の省エネチャレンジ・保護者向けエコチェックシートの実施、今後の取り組みなど
7月	別院中学校：クルベジ®紙芝居実施、夏休み省エネチャレンジ・エコチェックシート説明・配布 保津小学校：クルベジ®紙芝居実施、夏休み省エネチャレンジ・エコチェックシート説明・配布 本梅・吉川小学校：夏休み省エネチャレンジ・エコチェックシート配布
9月	夏休み省エネチャレンジ・エコチェックシート回収
11月	給食の献立、クルベジ®生産状況について、各学校での農作業体験、取り組み状況、夏休み省エネチャレンジ、エコチェックシートの結果報告、今後の取り組み
11月下旬〜12月上旬	週1回、クルベジ®を活用した給食の提供 クルベジ®に関するチラシ（クルベジ便り）配布
12月	吉川小学校：クルベジ®紙芝居実施
3月	亀岡カーボンマイナスプロジェクトの取組報告、各小中学校、関係機関の取組報告、亀岡カーボンマイナスプロジェクトの取組成果と今後の方向性

②クルベジ® 給食の提供

　亀岡市立学校給食センターや生産者の協力を得て、2010年度当初から協議を進め、11月下旬〜12月上旬にかけて計4回、亀岡市の学校給食にクルベジ®（キャベツ、ハクサイ、コマツナ、ダイコン、ジャガイモ、ニンジン）を活用した献立を提供しました。学校給食へのクルベジ®の導入にあたっては、決められた時期に、決められた量・規格の野菜が必要になることから、使用できる野菜や献立の決定、生産者の農地への炭堆肥投入、収穫、調理という流

43

れの中で、学校給食センター、生産者共にそれぞれ工夫や努力をいただき、実現することができました（第3章コラム参照）。

　また、給食を提供する際には、各家庭に配布される給食だよりに、カーボンマイナスプロジェクトの記事を盛り込んでもらい、広く周知を図るほか、LORCにおいてカーボンマイナスプロジェクトの概要や、給食を提供した生産者の声、各学校の取り組み概要、大学関係者の声を掲載したクルベジ®便りを作成し、全校生徒に配布しました（巻末資料参照）。また、給食が提供された当日には、各学校の校内放送において、クルベジ®を活用したメニューの紹介が行われ、広く児童にＰＲすることが可能となりました。

③拠点校での取り組み

　農園活動や環境教育に積極的に取り組む、3小学校、1中学校に年間を通じて協力を得て、各学校の農園に炭堆肥を投入し、農園活動や調理体験などが実施されました。また、2小学校、1中学校においては、全校児童、生徒を対象に、クルベジ®紙芝居を実施する時間を確保してもらい、カーボンマイナスプロジェクトの取り組み内容について理解を深めました。

　近年、教科科目が重視される中で、総合的な学習の時間も減少し時間を確保することが困難な状況の中で、長期休暇の前などに全校生徒が参加する機会などを設けていただくことができました。また、これら4つの小中学校は、いずれも旧集落に位置し、日常的にも周辺地域とのつながりが深く、農園活動においても地域の農家の協力や近隣の保育所の参加を得ながら、プロジェクトが展開されています（各校の取り組みについては第3章を参照）。

④エコチェックシートとアンケート調査の実施

　夏休みに家庭での環境活動を推進するために、各小学校で、京都府が毎年実施している「夏休み省エネチャレンジ」[1]と、20項目の環境に配慮する取り組みの達成度をチェックする保護者用エコチェックシートを実施しました。保津小学校では49人、本梅小学校では29人の児童が「夏休み省エネチャレ

ンジ」に取り組み、本梅・保津・吉川小学校で計42世帯が、保護者用エコチェックシートに取り組みました。1週間の夏休み省エネチャレンジの取り組み（シャワーを出しっぱなしにしない、エアコンはできるだけ使わないなど7項目）で、保津小学校では約80kg、本梅小学校では約60kgの二酸化炭素を削減（推計）することができました。

保護者用エコチェックシートの取り組みでは、全体的に、取り組み前と比べると、取り組み後の方が、「できている」、「少しできている」という回答が増えており、特に「9. 物は大切にし不要なものは買わない」、「15. 洗剤を適量確認して使用する」、「7. テレビはつけっぱなしにしない」、が「できている」という回答が20ポイント以上増えていました。一方、「17. 環境に良い商品を選んで購入」、「19. 自動車の使用はひかえる」、は取り組み後も半数以上が「あまりできていない」と回答しており、短期間での取り組みや亀岡市の交通事情などから取り組みが困難な項目と言えます（図2-2-11）。

同時に保護者に対して実施したアンケート調査では、家庭での環境活動について、ごみ分別、電気・ガス・水道の節約、マイバック・箸の利用については半数以上の家庭で、地元食材の購入は約3割の家庭で取り組まれていました。環境家計簿やエコチェックシートの認知度や、エコ活動に対するエコポイントの発行については、保育所とほぼ同様の結果でしたが、エコポイントの利用機会については、「日常の買物」が8割と最も多く、「教育機関で集めて利用」が3割と続いています。学校での食・環境教育の実施については、9割近くが「良いことだと思う」と回答し、学校での取り組みについても9割以上が「できることがあれば取り組みたい」と回答しています（図2-2-12、13）。また、クルベジ®については、約4割の方が「知っている」、約3割の方が「聞いたことがある」と回答しており、8割以上の方が、「同じ値段なら買う」という回答でした（図2-2-14、15）。

各校には、夏休み省エネチャレンジやエコチェックシートの取り組みに応じて、エコ親子認定証やエコライフ診断書とともに、エコポイントとして食育・環境教育関連の教材を進呈しました。

第2章　主な関係機関の取り組み

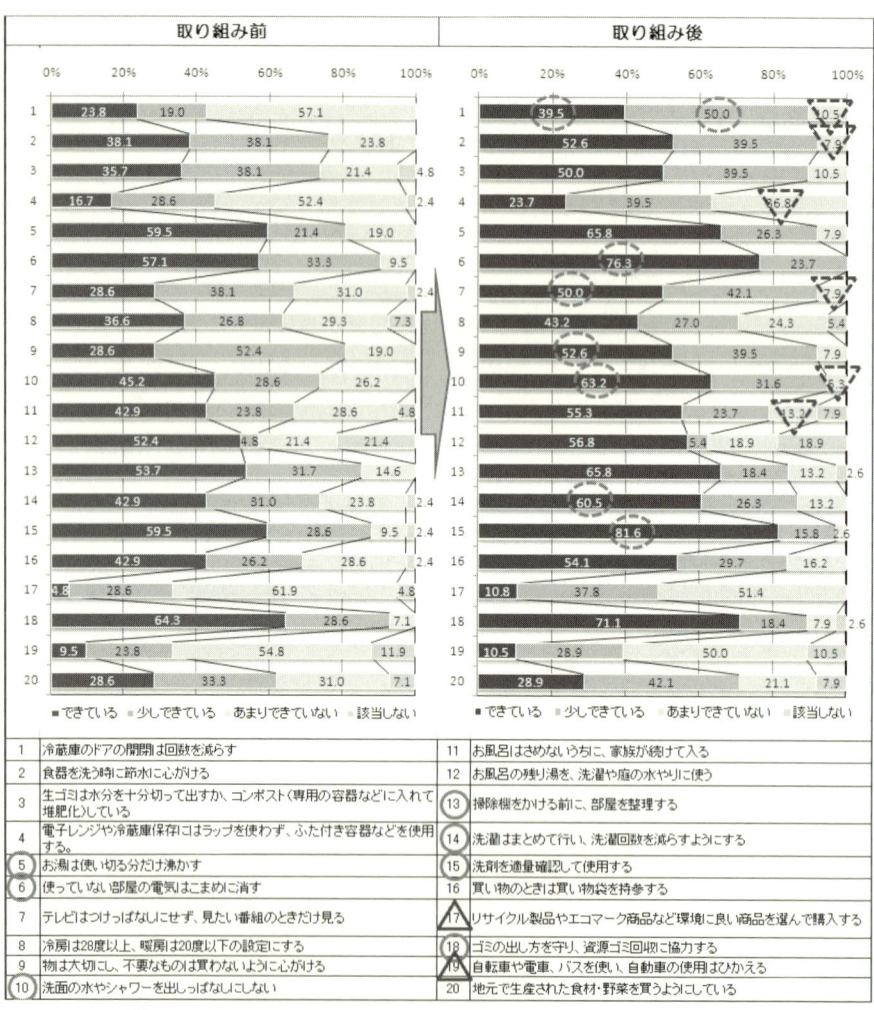

	取り組み前	取り組み後
1	23.8 / 19.0 / 57.1	39.5 / 50.0 / 10.5
2	38.1 / 38.1 / 23.8	52.6 / 39.5 / 7.9
3	35.7 / 38.1 / 21.4 / 4.8	50.0 / 39.5 / 10.5
4	16.7 / 28.6 / 52.4 / 2.4	23.7 / 39.5 / 26.8
5	59.5 / 21.4 / 19.0	65.8 / 26.3 / 7.9
6	57.1 / 33.3 / 9.5	76.3 / 23.7
7	28.6 / 38.1 / 31.0 / 2.4	50.0 / 42.1 / 7.9
8	36.6 / 26.8 / 29.3 / 7.3	43.2 / 27.0 / 24.3 / 5.4
9	28.6 / 52.4 / 19.0	52.6 / 39.5 / 7.9
10	45.2 / 28.6 / 26.2	63.2 / 31.6 / 5.3
11	42.9 / 23.8 / 28.6 / 4.8	55.3 / 23.7 / 13.2 / 7.9
12	52.4 / 4.8 / 21.4 / 21.4	56.8 / 5.4 / 18.9 / 18.9
13	53.7 / 31.7 / 14.6	65.8 / 18.4 / 13.2 / 2.6
14	42.9 / 31.0 / 23.8 / 2.4	60.5 / 26.3 / 13.2
15	59.5 / 28.6 / 9.5 / 2.4	81.6 / 15.8 / 2.6
16	42.9 / 26.2 / 28.6 / 2.4	54.1 / 29.7 / 16.2
17	28.6 / 61.9 / 4.8	10.8 / 37.8 / 51.4
18	64.3 / 28.6 / 7.1	71.1 / 18.4 / 7.9 / 2.6
19	9.5 / 23.8 / 54.8 / 11.9	10.5 / 28.9 / 50.0 / 10.5
20	28.6 / 33.3 / 31.0 / 7.1	28.9 / 42.1 / 21.1 / 7.9

■できている　■少しできている　■あまりできていない　■該当しない

1	冷蔵庫のドアの開閉は回数を減らす	11	お風呂はさめないうちに、家族が続けて入る
2	食器を洗う時に節水に心がける	12	お風呂の残り湯を、洗濯や庭の水やりに使う
3	生ゴミは水分を十分切って出すか、コンポスト（専用の容器などに入れて堆肥化）している	13	掃除機をかける前に、部屋を整理する
4	電子レンジや冷蔵庫保存にはラップを使わず、ふた付き容器などを使用する。	14	洗濯はまとめて行い、洗濯回数を減らすようにする
5	お湯は使い切る分だけ沸かす	15	洗剤を適量確認して使用する
6	使っていない部屋の電気はこまめに消す	16	買い物のときは買い物袋を持参する
7	テレビはつけっぱなしにせず、見たい番組のときだけ見る	17	リサイクル製品やエコマーク商品など環境に良い商品を選んで購入する
8	冷房は28度以上、暖房は20度以下の設定にする	18	ゴミの出し方を守り、資源ゴミ回収に協力する
9	物は大切にし、不要なものは買わないように心がける	19	自転車や電車、バスを使い、自動車の使用はひかえる
10	洗面の水やシャワーを出しっぱなしにしない	20	地元で生産された食材・野菜を買うようにしている

※上段図中、◯は取り組み後に15ポイント以上増加、▽は取り組み後に15ポイント以上減少した項目。下段表中、◯は取り組み後、6割以上が「できている」と回答、△は半数以上が「あまりできていない」と回答した項目。

図2-2-11　保護者用エコチェックシートの結果

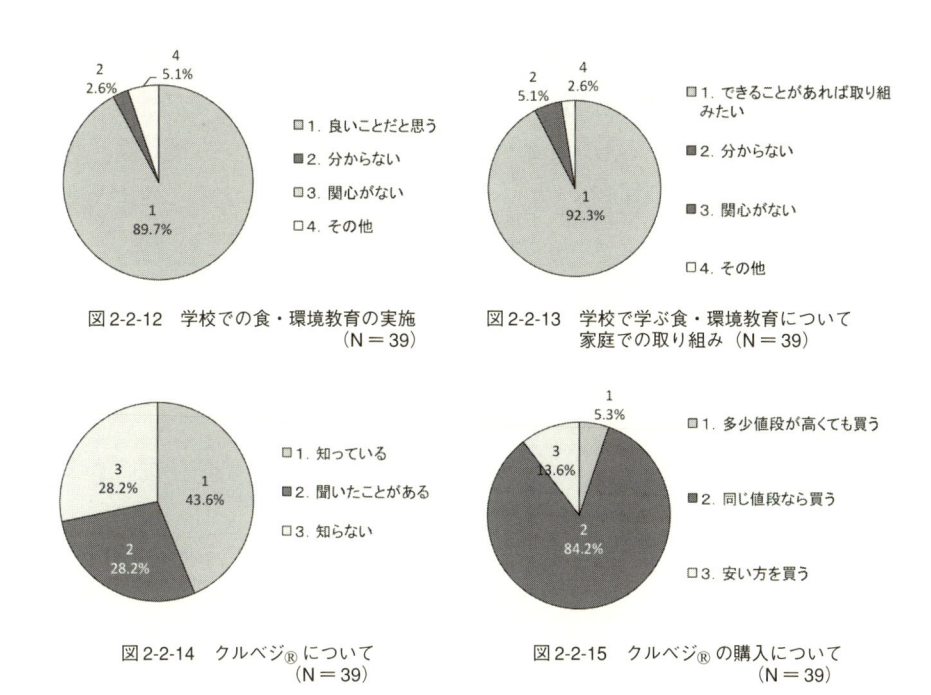

図 2-2-12　学校での食・環境教育の実施
　　　　　　　　　　　　　(N＝39)

図 2-2-13　学校で学ぶ食・環境教育について
　　　　　　家庭での取り組み (N＝39)

図 2-2-14　クルベジ®について
　　　　　　　　　(N＝39)

図 2-2-15　クルベジ®の購入について
　　　　　　　　　　(N＝39)

4　成果と今後の課題

　これらの保育所や学校での食育・環境教育を通じて、一定程度、家庭での環境活動の推進とクルベジ®への理解を高めることができたと思います。市民の環境に対する意識や、クルベジ®に対する認識の向上によって、クルベジ®を地域で普及・消費することで、農業や地域経済活性化に寄与することが期待できます。

　また、学校や家庭での環境活動についてエコポイントやグリーンベルマークのような形で学校や地域にインセンティブが還元できるような社会システムを検討してきました。当初、京都府で実施されてきた「京都エコポイントモデル事業[2)]」との連携も視野に入れていました。この事業では、各家庭での光熱費（使用量）の削減に対してエコポイントが還元されるとともに、企業へのカーボンクレジットの販売を行っています。多くの企業からクレジッ

第2章　主な関係機関の取り組み

ト購入希望があり、全国に先がけた推進・協力体制をとることができましたが、各家庭にポイントを還元するための事務システムに手続きが煩雑で経費がかかることや、世帯人員の増減や住居等環境の変化によっても、高熱費が変化するため、各家庭単位での省エネルギーの取り組みによる二酸化炭素削減には限界が見られました。また既に省エネルギーに努めている世帯では、二酸化炭素削減量が大きく増えることがなく、還元が少ないことも課題として挙げられました。

　一方で、私たちが保育所や小学校で実施したエコチェックシートのような家庭での環境活動については、あくまでも自己申告によるもので、正確な二酸化炭素削減量を把握することは困難であり、排出権取引に結び付けることは難しい状況です。ただし、子どもや学校教育等を通じて、各家庭で環境活動を実施してもらうことに対しては保護者の理解度も高く、家庭での環境活動推進についても一定の成果が見られました。また、環境活動を行うことで、学校や地域単位でエコポイントを集め取り組みの成果を還元していくことの可能性が見られました。今後、次節で紹介されているような、企業によるCSR活動の一環としての協賛などの資金を得て、排出権取引とは別の枠組みで市民の環境に対する意識啓発とクルベジ®の地域内循環を促進するためのエコポイントシステムを検討することが課題です。

　本プロジェクトのもう１つの成果としては、行政の庁内組織と教育機関が横断的に連携していること、また大学もそれぞれの専門分野を活かして、自然科学、社会科学双方の視点から、地域に密着した取り組みを展開していることが挙げられます。さらに、地域内外の市民活動・ＮＰＯ団体の専門性や協力も得て、保育・教育現場における教材開発と、家庭での環境活動促進にも取り組むことができました。これらの取り組みはまだ試行的で緒に就いたばかりですが、行政や専門家だけではなく、多様な機関の協働と多くの市民の関わりを得て、地域や農業が抱える課題を複合的に解決する糸口が見えてきたのではないでしょうか。

　2008～2010年度は、立命館大学、龍谷大学を中心として、研究資金や助

成金などを積極的に活用し、実証実験と社会システムの試行を行い、多様な主体により環境政策を展開してきました。その成果として、亀岡市では国内外からも多くの視察を受け入れ、各種の賞も受賞しています。これらは、生産者の方をはじめ、地域の人々にとっても大きな自信につながっていると思います。また2011年度以降、亀岡市でもカーボンマイナスプロジェクトに対して市の施策化を検討しており、地域で持続的なプロジェクト展開が予定されています。今後いよいよ地域でプロジェクトの実装と定着に向けて、第2ステージがスタートします。

〈注釈〉

1）2003年度から京都府が実施する事業で、府内の小学生とその保護者を対象に、家庭における地球温暖化対策を推進するため、夏休み中の1週間、エコチェックシートを利用しながら省エネなどの温暖化対策に取り組み、家庭での省エネ活動の普及を図ることを目的としている。2009年度の参加世帯数は6,850世帯、2010年度の参加世帯数は8,026世帯。

2）2008年度から特定非営利活動法人京都地球温暖化防止府民会議を中心に京都CO_2削減バンクを組織して実施されている。家庭で、電気・ガス使用量の削減や新エネルギーの導入をした場合に、エコポイントが付与され、クレジットカードのポイントとして加盟店での買い物などに利用できる。また、各家庭における電気・ガス使用量の削減による二酸化炭素削減価値を集め、企業にカーボンクレジットとして販売する取り組み。2011年7月モデル事業終了。

第2章　主な関係機関の取り組み

| コラム2-2 | **縦から横への連携** |

亀岡市企画政策課

　行政と大学との連携が盛んに行われるようになったのは、10数年前からのように思います。亀岡市でも、当時からこれまでいくつかの事業において大学との連携を行ってきましたが、事務事業の一部委託的な取り組みであり、業者を選ぶか大学を選ぶかは、事業に応じて対応してきたと思います。

　しかし、亀岡市においては2008年からのセーフコミュニティの取り組みを契機に、地域コミュニティが自らの地域課題の解決に向けた活動に、行政や大学がパートナーとしてバックアップし、議論を経てそれぞれの役割分担を明確にしてまちづくりが進められています。

　また今回のカーボンマイナスプロジェクトは、龍谷大学と立命館大学をはじめ、多くの大学と行政の多くの部署、そして地域コミュニティが連携し、二酸化炭素削減を通じたまちづくりの世界的なモデルケース確立に向けた取り組みとして国内外から注目を浴びると確信しています。

　これまで、行政と大学、行政と市民といった縦の関係から、それぞれがパートナーシップとして横の関係を自覚し、夢に向かって進んでいる姿は、まさしく「新しい公共」のモデルケースであると実感しています。

3 立命館大学の取り組み
～炭素貯留農法の実証実験とプロジェクトの全体構想～

立命館大学地域情報研究センターチェアプロフェッサー　柴田　晃

1　農地にバイオ炭を入れる「農地炭素貯留農法」実験概要

　バイオマス炭化による農地炭素貯留を実現するためには、炭化材料としてのバイオマスが豊富に得られ、かつバイオ炭を貯留するための農地がある、農山村地域などでの事業展開を考えなければなりません。そこで、私たちはバイオマスおよび農地が豊富に存在する、亀岡市にてプロジェクトを展開しています。

　ところで、本当にバイオ炭は農地で分解せずに安定的にずっと存在し続けるのでしょうか？土壌中におけるバイオ炭の安定性に関する実験はあまり多くありませんが、土壌の種類（粘土質・火山灰質など）やバイオ炭の種類（竹炭・木炭・もみ殻炭など）、製造方法の差（炭焼き窯・伏せ焼きなど）によって、安定性に影響を与えると考えられます。そのため、いろいろな状況を想定した実験を行う必要があります。現在、世界中でこのバイオ炭の土壌中の安定性に関する実験を、いろいろな土壌学の専門家が行っています。通常、有機物であるバイオマスは死ぬと、微生物等によって生物分解（腐敗や発酵）されたり、焼却（熱分解）されたりといった、燃焼を通じて最終的に二酸化炭素になっていきます。一方で、炭素のかたまりといっても過言ではないバイオ炭は、ほとんどが無機物であり、土壌菌等の微生物によって分解されることは考えにくいと思われます。そのため、燃えにくい（熱分解を起こしにくい）状態である農地であれば、堆肥等の有機物そのものよりは、当然安定性は非常に高いと言えます。一般に堆肥等の有機物は、年間約20％の割合で分解さ

れるといわれています（半減期は約3年）。バイオ炭に関しては、これまでの研究では、一番短いものでも、少なくともその半減期は130年以上です。長いものは50,000年以上と推定されています。

　このように、バイオ炭は安定的に農地に存在し続けると期待できますが、前述のように、その安定性を検証した実験は多く残されていません。そのために私たちは、2008年より、亀岡市の農地にてバイオ炭の安定性を検証する実験を継続して行っています。

　また同時に、バイオ炭を入れた農地からの二酸化炭素放出量、一酸化二窒素放出量、メタン放出量の計測を行い、これらの総量での温室効果ガス削減量を集計して、バイオ炭による農地炭素貯留効果の検証を行っています。これは、バイオ炭を農地に入れたことによって土壌中の状態が変わり、二酸化炭素、一酸化二窒素、メタンといった温室効果ガスがバイオ炭を農地に入れない場合と比較して大量に放出されたら、炭素貯留を行う意味がなくなってしまうからです。

　一方、農地にバイオ炭を入れた場合の、農作物への影響を評価する実験も同時に行っています。これまでに行ったキャベツの実験結果では、バイオ炭を入れた場合と、入れない場合での成長への影響の差はほとんどなく、バイオ炭による農地炭素貯留は、農作物に害を及ぼさないということは、ひとまず言えそうです。

2　カーボンマイナスプロジェクトの全体構想
①持続的な農地炭素貯留のための出口戦略（顧客の確保）

　農山村地域には炭化するバイオマスやバイオ炭を入れる農地はあっても、その炭素貯留効果の計測や証明を行う機関、そしてその炭素貯留実績（炭素クレジット）を買う企業の方々、といった出口が必要です。また、バイオ炭を埋めて農地で作るのは、当然のことながら農作物です。この農作物を安定的に売らねば農業が成り立たず、持続可能な農地炭素貯留が実現できません。そこで、よりこの農地炭素貯留を消費者にアピールするため、バイオ炭によ

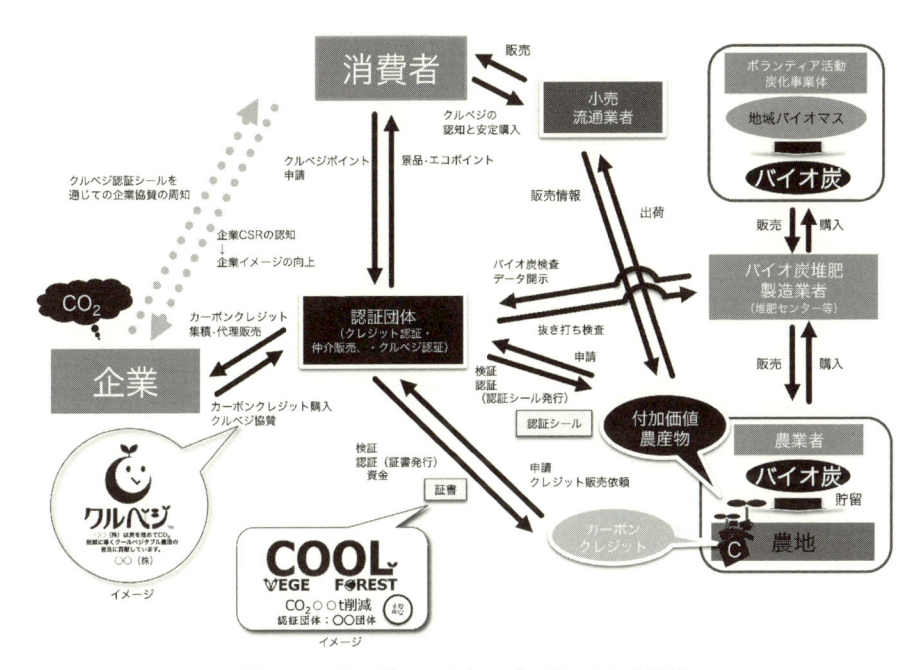

図2-3-1　カーボンマイナスプロジェクト全体像

る炭素貯留を行った農地で育った農作物に、「クルベジ®」という商標を付けました。この商標を標記したシールを作り、炭素貯留を行った農地で作った農作物に貼って販売します。またこの農地炭素貯留活動に賛同する企業の方に、カーボンクレジットを販売すると同時に、協賛金をいただけたら、と考えています。実際に2011年3月には京都銀行さんから農地炭素貯留に対する協賛金をいただきました。そのほかにも、いくつかの企業からも協賛金をいただき、2011年度に生産される農地炭素貯留野菜、クルベジ®にそれぞれの企業の名前が入ったシールが添付され発売されます。農家はこのシールを貼ることによって企業の宣伝をして、協賛金をいただくシステムです。この農作物による企業広告は世界初の試みです。このように持続的に農地炭素貯留を行っていくには、その生産物やサービスの出口戦略、つまり顧客を見つけることが重要です。詳しくは後述しています。

図2-3-1に、バイオ炭による炭素貯留と農山村部への資金還流を実現するための、プロジェクトの全体像（ビジネスモデル）を示しました。以下ではこれを成り立たせるための課題や要件について説明していきます。

②カーボンマイナスプロジェクトの課題と要件
・LCA-CO_2

地域におけるバイオマスは、代表的なものとして、もみ殻や建築用端材、林地残材、竹林整備による竹材等があります。季節性があり、かつ一定の里山地域にも薄く広がるこれらのバイオマスを、いかに炭素コスト（二酸化炭素排出量）をかけずに採取・集積・炭化し、最終的に農地に炭素貯留を行うかが大きなポイントです。遠くからトラックを使ってバイオマスを運んできたり、バイオ炭にしてからでもできるだけ近くの農地に運ばないと、それだけで多くのガソリンなどの化石燃料を使ってしまいます。農地にバイオ炭を埋めて、農地に貯留した炭素量よりも、その過程でより多くの化石燃料の炭素量を使っていれば、炭素貯留としての意味はありません。この、バイオマスの採取・集積から、炭化および農地炭素貯留までの工程（ライフサイクル）（図2-3-1の右部分：図2-3-2）における二酸化炭素量の収支を計算することを、二酸化炭素に関するライフサイクル評価（Life Cycle Assessment of CO_2, LCA-CO_2）と言っています。バイオ炭による農地炭素貯留よって、LCA-CO_2がマイナスになるようにできるかが大きな課題となってきます。

図2-3-2 LCA-CO_2の境界
（採取・集積・炭化・農地埋設に至るプロセス）

・経済効率と炭素効率

地域バイオマス炭化において、金銭であらわされる経済効率とライフサイクルにおける炭素効率は、ほとんどの場合非常に関連があります。特に輸送は両者に大きな影響を与えます。地域で発生する地域バイオマスを、長距離運送を避けて、地域内で炭化し、その炭化物（バイオ炭）をその地域の農地で貯留することが、両方のコストを下げる意味で非常に重要です。つまり発生現場から貯留現場までの時間や移動距離の短縮は二酸化炭素削減効果のみならず経済的効果も大きくなります。

　同時によく考えなければならないのが、炭化機械の設備投資です。一般に機械の効率性・安全性を重視すればするほど投下資本は大きく、経済性が大きく減少するのみならず、化石燃料を使った金属部材が多く占めることになり、これに伴う二酸化炭素排出量が増大します。地域でのバイオ炭の生産においては、バイオマスの発生地域へ簡易に移動可能、かつ経済効率の高いもの（安価な機械・機器）が必須です。

・二酸化炭素排出権の国際価格とバイオ炭価格

　残念なことに、2010年12月現在の国際市場（欧州市場におけるカーボンボランティアマーケット）[1]における、二酸化炭素排出権（カーボンクレジット）価格は、1,400〜1,600円（CO_2 1tあたり）程度であり、その金額をバイオ炭の持つ炭素貯留量と比較しても、以下に推計する様にその経済的効果は非常に少ないです。地域バイオマスを低温炭化した時の全炭素率は、原料によって非常に変動しますが、だいたい重量比で45〜80％程度（無水状態）です。その場合、含水量を差し引いたバイオ炭1重量トンあたりの全炭素量は450〜800kgとなり、CO_2 に換算で1,700〜3,000 kg程度となります。カーボンクレジットの価格を、¥1,500/トン-CO_2 として換算すると、バイオ炭のカーボンクレジットは、¥3,000/トン-バイオ炭、程度にしかなりません。それに対して一般的なバイオ炭販売価格は、比較的安価な商品で、¥90〜200/kg程度です。この販売価格から考えると、カーボンクレジットの求償できる価格は、3円/kg程度ということになってしまいます。

第2章　主な関係機関の取り組み

・地域における安価なバイオ炭生産

　前述の、現状のカーボンクレジットの取引価格を考えると、バイオ炭による農地炭素貯留のためには、安価なバイオ炭の生産が必要です。その一方で農山村地域は、里山整備や竹林整備が、過疎化とともになかなか維持できていないのが現状です（図2-3-3）。

　そこで、地域住民が地域の活性化のための仕組みを理解し、地域環境整備を兼ねて、地域未利用バイオマスの炭化事業を行うボランティア活動主体として、イベントのような形で安価なバイオ炭作りを行うことはできないかと考えています。

　炭焼きについては、比較的安価に、ほとんど特殊技術も不要で誰でもバイオ炭を作れる、軽量で地域内移動が容易な炭化器が必要と考えられます[2]。簡易炭化器（写真）を使用して竹炭製造を行った場合、炭化効率は重量比で、伐採後3カ月以内の竹を炭化して、消火に水を使った場合、約39％（含水状態）、無水状態を仮定して計算した場合、約24％程度で、炭化物の炭素率は約80％でした[3]。製造に要する概算費用に関しては、人件費込みで試算ではそれぞれ、約79円/kg（含水炭）、約245円/kg（無水炭）であり、時間と費用を勘案しても、他の炭焼き装置に比べて非常に高効率の機器といえると思われます。費用に関しては、使用回数や製炭量によって大きく変化するので、生産されるバイオ炭の価格は大きく変動することが予想されます。

　こういった炭焼きから生産されるバイオ炭を、無水状態における計算とし

図2-3-3　地域ボランティア活動を通じた安価なバイオ炭生産

簡易炭化器[2]

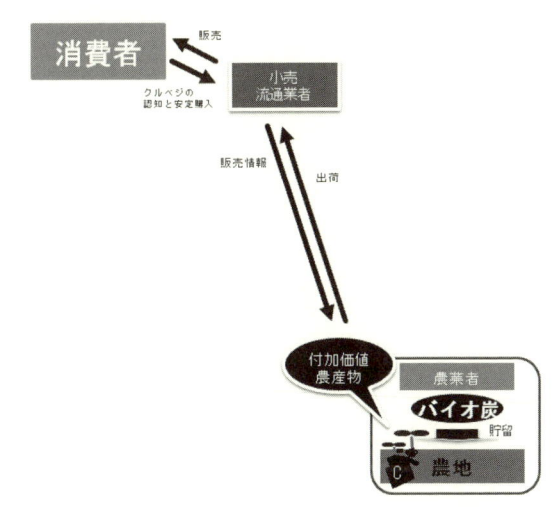

て、約5〜8円/kgで供給することを今後の目標と考えています。それは、クルベジ®の規格として、農地へのバイオ炭を、10アールあたり1年間で100kgの無機炭素量に相当する投入量を最低基準としているからです。この場合、バイオ炭の種類によって炭素量が異なり、含有する水分量にかなりのばらつきがあるので、単にバイオ炭

図2-3-4 エコブランド野菜の購入を通じた消費者による環境維持活動への参加

の重量からだけではバイオ炭の持つ炭素量計測は難しく、それは農地炭素貯留量の推定が難しいということになります。要するに、無水状態のバイオ炭の炭素率を仮に80%とした場合は、100kgの炭素量をバイオ炭で確保するためには、125kgの無水バイオ炭が必要であり、無水バイオ炭が5〜8円/kgで供給されたとしても、10アール当たり625円〜1,000円の費用がかかることを意味します。

・一般住民とつながる地域エコブランド農作物

　先のような安価なバイオ炭の生産方法においても、現状のカーボンクレジット取引価格が安いために、その費用をすべて補うことは難しい状態です。全体図（図2-3-1）を見ても、地域でのバイオ炭作りから農地への貯留までの費用を支えるのは、企業もしくは消費者しかいません。そこで、このシステムを持続可能な形で維持するためには、農地炭素貯留を推進する野菜（農地炭素貯留野菜）という機能を持った、地域農産物のエコブランド化による高付加価値化（クルベジ COOL VEGE®）が必要です。この高付加価値化は、単に

野菜の価格を高くするのではなく、消費者の農地炭素貯留活動への参画といった点を、アピールするところに大きな特徴があります（図2-3-4）。

・バイオ炭の炭素定量とその認証システム

　具体的に地域で一般の人々がバイオ炭を製造しても、その炭素量の計測や質量の計測は専門技術が必要です。そのため、通常はその地域から外部に委託しなければ炭素量等の計測ができず、実験経費も必要となります。また、その炭素量等を保証する制度（システム）が必要です。そこで、1つの解決策として、検査費用やカーボンクレジット認証等の取扱経費を削減するために、地域で生産されたバイオ炭を、地域の堆肥場等（図2-3-5右上　バイオ炭堆肥製造業者）に集積し、大きなロットにして一度にバイオ炭の炭素定量等を行います。バイオ炭製造業者は認証団体（図2-3-5左）に、カーボンクレジットの認証を受けるために、一括して炭素定量等のバイオ炭の性状検査を申請します。その後認証を受けたバイオ炭を、堆肥と混合した後、保管・販売・散布し、散布場所の現認・記録をします。

　ここでは、バイオ炭の炭素貯留の対象を農地として考えてきましたが、地域振興のための地域開発を考えると、林地も視野に入れるべきではないでしょうか。農地用のクルベジ COOL VEGER® だけでなく、植林や林地整備時におけるバイオ炭埋設による COOL FOREST の認証を視野に入れて、カーボンクレジットボランティアマーケットの育成を考えています。さらには、河川や海洋へのバイオ炭使用に対する有効性や、安全性の研究を待って、将来的には、川・海へのバイオ炭使用も視野に入れた認証システムも検討しています。

・エコブランド農産物と企業CSR

　農業者の負担として、バイオ炭もしくはバイオ炭堆肥の購入と、農作物のエコブランド化を行うためのクルベジ®シール購入経費、およびカーボンクレジット認証経費が必要となってきます。

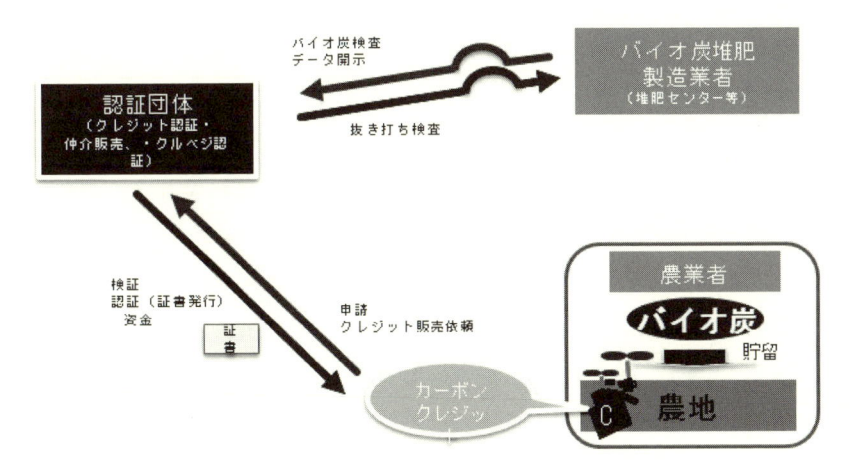

図2-3-5　バイオ炭カーボンクレジット認証システム

　前述したとおり、現状のカーボンンクレジットの価格では、バイオ炭堆肥のバイオ炭部分の購入価格の大部分はまかなうことができません。農作物のエコブランド化（クルベジ®）による高付加価値化や、安定的な市場優位性（例えば、売れ残りによる返品の非常に少ない商品等）が保たれねば、採算が合いません。市場に対して、このクルベジ®という、地域開発を含む環境ブランドとしての、認知・定着には相応の時間が必要だと思われます。そこで、企業のCSR（企業の社会的責任）を刺激して、クルベジ®シールに企業広告を入れ、企業から広告費として協賛金をいただき、農家の経費の補助、及びカーボンクレジットの購入につなげることができないかと考えています。
　企業にとっては、毎日購入される野菜等の食品シールに、自社の広告・宣伝（企業協賛）が載ることで、一般消費者に対して、環境活動への貢献をPRすることができます（図2-3-6）。企業から見れば、環境活動だけでなく、広報活動も兼ねた一石二鳥の広告媒体ともいえるでしょう。

・カーボンクレジットの販売
　カーボンクレジットの市場価格が安いので、個別の農家にとっては少量の

第2章　主な関係機関の取り組み

図2-3-6　企業広告入りクルベジ® シール

金額になってしまいますので、認証団体等が集積して企業に販売するような仕組みが必要です。つまり、カーボンクレジットの集積・在庫・販売機能（商社機能）です。また、カーボンクレジットの販売時にはその販売効率の向上のために、前述のクルベジ® シール（図2-3-6）への参画企業への販売も同時に行われるようにする必要があります（図2-3-7）。

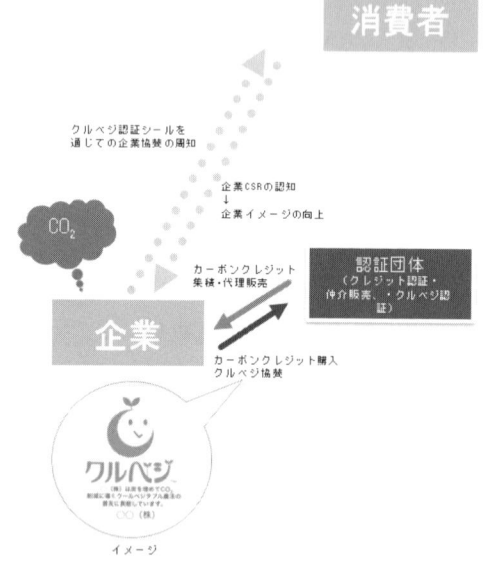

図2-3-7　農地炭素貯留活動への企業参画と消費者の認知

・消費者の環境貢献型ブランドに対するとらえ方の現状と今後の方策

　私たちは、一般消費者のクルベジ®ブランドに対する選好（安心感の程度等）評価を行いました。その結果として、約47％の回答者は、「他の同様の商品と同じ値段なら購入する」と回答し、約15％の回答者は、「温暖化を防ぐ商品であれば、他の同様の商品より高くても購入する」との結果でした[4]。後者の比率は低いながらも、決して無視できる値ではないため、環境配慮意識

60

の高い消費者に特化したブランド戦略が行える可能性があると考えています。

　少しでも早く、一般市民・消費者にこの環境貢献型の社会スキームを浸透させて、この環境活動への参加を可能にするためには、クルベジ®ブランド農作物を買った消費者が喜んで買いたくなるような仕組みも必要です。そこで、そのクルベジ®シールを集めることにより何らかの消費者還元を考えています（図2-3-8）。このシールは電子的に取り扱われることは可能でしょうし、他のエコポイントシステムとの連携・提携も可能であると考えられます。

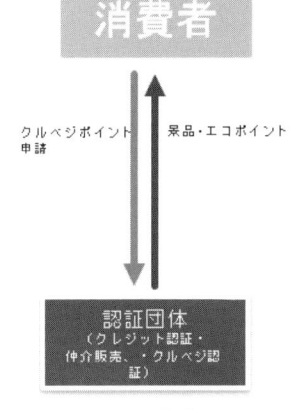

図2-3-8　消費者のクルベジ®購入を通じた二酸化炭素削減・地域振興活動への参加と還元

3　おわりに

　日本人の炭の利活用に関する文化は世界に誇れるすばらしいものです。この文化的背景をもとに、地域バイオマスを炭化して作ったバイオ炭を、燃やさずに地域で炭素貯留するという、カーボンマイナスの考え方は、CO_2排出量の削減方法としての炭素貯留手段（CCS）として、有望な選択肢になり得ると考えています。今後もCO_2排出量に対する制約が順次設けられる中で、農山村部における地域バイオマスの活用による炭素貯留を実現し、都市部の企業等がその対価を支払うことによって、農山村部における持続的な発展を可能にする社会システムを作るべきではないでしょうか。

　バイオマス炭化による炭素貯留という考え方に対して、多くの皆さんのご協力とご理解を得ながら、この試みが、温室効果ガス削減に寄与するだけでなく、日本のみならず世界の地域問題・貧困問題の解決の一助になれれば望外の幸せです。

第 2 章　主な関係機関の取り組み

〈注釈〉
1) point carbon　http://www.pointcarbon.com/ （2011 年 3 月現在）
2) 株式会社モキ製作所製　http://moki-ss.co.jp/ （2011 年 3 月現在）
3) Akira Shibata・Ryo Sekiya・Terukazu Kumazawa・Steven McGreevy・Hidehiko Kanegae (2010a) Analyzing a Simple Biochar Production Process and the Cultivation and Assessment of "Cool" Cabbages in Kameoka City, , Japan, 3rd International Biochar Conference(IBI2010), CD
4) Akira Shibata・Steven McGreevy・Terukazu Kumazawa・Ryo Sekiya・Hidehiko Kanegae (2010b) Toward Diffusing "Cool Vegetables"-Reconstructing Rural Socio-economic Systems in Japan based on an Eco-branding Strategy Biochar Cultivated Vegetables, 3rd International Biochar Conference(IBI2010)

コラム2-3　カーボンマイナスの仕組み②
～炭を使った二酸化炭素削減方法～

立命館大学地域情報研究センターチェアプロフェッサー
柴田　晃

燃焼と炭化

「燃焼」とは一般に物質に酸素が結合する事を言います。酸化するともいい、結合する際には発熱や発光反応となってエネルギーを放出します。人も有機物（食事）を取り入れ、肺から空気中より取り入れた酸素を使って、体内でその有機物内にある炭素と結合させて燃焼し、活動のためのエネルギーとしています。そのため、酸素と入れ替えに、肺から二酸化炭素が排出されているのです。また、炭素以外でも、例えば鉄の場合は「錆び」がありますが、これも燃焼の一つです。使い捨てカイロなどはこの原理を応用して発熱させています。

このとき、物質の持つ炭素が酸素と完全に結合することを「完全燃焼」と言います。通常、木材などの有機物を燃やすと炎を上げて灰になります。その過程で酸素と有機物の中の炭素が結びつき、二酸化炭素を排出します。一方「炭化」は、炭素が完全には酸素と結合しない、いわゆる「不完全燃焼」の状態を言います。酸素の流入を抑えた状態で、有機物を加熱することで、熱分解し、炭素以外のものを蒸発させます。そのため、炭化と燃焼は紙一重で、炭化は化学反応的には完全燃焼への前段階であるともいえます。

典型的な炭化の一例として、炭焼き窯がありますが、木材（炭材）を窯に入れて、入り口から火をつけ、ある程度火がまわり、窯自体が温まってきたら火をつけた窯口を閉じて空気の流入を止めます。そのあとは、炭材自身が細胞内に持つ酸素を使って燃焼を行い、次から次へと他の炭材へ熱分解を広げていくのです。このように、木材はその細胞内に多くの酸素と水素・炭素を含んでいるため、炭化に適しています。

バイオ炭を使った二酸化炭素削減方法—カーボンマイナス

先のコラムにも紹介があったように、二酸化炭素やその発生源である炭素を、地中や深海に閉じ込めて二酸化炭素の削減を図ることを、「カーボンマイナス」と言っています。一般的には、Carbon Capture & Storage(CCS)と言われています。

日本の大手電力会社や欧州の石油会社では、地中や海中に二酸化炭素を圧縮して注入するなどの実験を高いコストをかけて行っています。しかしこの方式は、火力発電所のように二酸化炭素が常時大量に発生している現場ではないと二酸化炭素の収集自体が難しく、設備やコスト、またエネルギーも大量にかかります。そこで、私たちは誰にでもできるカーボンマイナスの取り組み、つまりカーボンニュートラルである間伐材などのバイオマスを使って炭(バイオ炭)を作り、地中に埋める取り組みを行っています。

バイオ炭の農業利用

代表的なバイオ炭の物理的な使用方法は、バイオ炭の多孔質の性質や形状から、水質浄化材や床下調湿材および土壌改良材として使われています。またバイオ炭は、園芸や農業の分野で昔から、土壌の病害微生物による連作障害を防ぐ効果（植物に有益な微生物や土壌菌を増やす）や土壌改良効果（水分調整する）など、様々な形で活用されています。

バイオ炭を農地に入れた場合、それを再度、土の中から取り出すことは手間等の経済性を考えると非常に難しいと思われます。そしてバイオ炭の中に固定化された炭素は、農地土壌に入れることによって、土の中に固定化されることになります。特に、バイオ炭は炭素のかたまりと言っても良く、燃焼させずに土中に土壌改良資材として使う場合はカーボンマイナスとなります。バイオ炭を使った農業は地球温暖化防止のために植林しているのと同じ役割、もしくはそれ以上の役割を果たすことになるのです。

つまり、バイオマスを筆頭に有機物を燃焼させずに炭化によってバイオ炭を作って、それらを燃焼でなく物理的に農地に利用することは、①カーボンニュートラルなものを、地中に固定化するという点と②安定的に植物を一定量生育させるという点で、地球温暖化防止にダブルで役立つことになります。農業に

おいてバイオ炭を農地に入れることを、「農地炭素貯留」、「農地炭素隔離」、もしくは「農地炭素乖離」という言い方をします。

バイオ炭による炭素貯留と化石燃料の使用

今、世の中は官民挙げて、バイオマス活用による代替燃料の開発や太陽光利用等による化石燃料の削減を提唱しています。一方で、世界においては石油等の化石燃料を比較的効率よく使う技術・設備が発達しています。化石燃料の燃焼による問題として、二酸化炭素の増加のみが問題であるとすれば、現在のところ発展途上の技術であるバイオマスを使った石油代替製品のみを使用しなくても、炭素量として同量のバイオ炭による地中埋設等の物理的利用を条件に、化石燃料の継続使用も可能ではないかと考えています。カーボンマイナスという意味を積極的に考え、化石燃料によるカーボンプラス量と同等のカーボンマイナス量をバイオ炭で炭素隔離を行うことにすれば良いはずです。それによって地表上の炭素循環総量を増やさずに、使用技術の発達した化石燃料をより有効に、より効率的に使うことは、経済的・環境的に非常に重要でしょう。もちろん、近未来に発生する化石資源の枯渇問題を考えると、循環型社会の形成のためにも、バイオマス資源有効活用の研究開発は必須であり、この化石資源の活用はバイオマス資源の効率の良い有効利用方法の開発までの1つの過渡的方法とすべきです。

第3章　保育・教育機関の実践

1　亀岡市立保津保育所～体験を通じて得た学び～
2　亀岡市立別院中学校～環境・農園活動の推進～
3　亀岡市立保津小学校～ダーウィン探検隊（総合的な学習）における
　　　　　　　　　　　　　カーボンマイナスプロジェクトの取り組み～
4　亀岡市立本梅小学校～体験活動を重視した食育食農～
5　亀岡市立吉川小学校～食育推進と環境教育～

＜コラム3-1＞紙芝居を通じた食育・健康の普及、啓発活動
＜コラム3-2＞環境と食を結ぶ学習プログラムの展開
＜コラム3-3＞地産地消の推進
＜コラム3-4＞子ども達に安全・安心な野菜を
＜コラム3-5＞クルベジ®給食提供の舞台裏
＜コラム3-6＞クルベジ®博士の大発明
　　　　　　　～地球にやさしい野菜を食べよう～の紙芝居を演じて

1　亀岡市立保津保育所
　～体験を通じて得た学び～

亀岡市立保津保育所所長　松山　直美

　2009年度、亀岡市立保津保育所では、1年間を通じてカーボンマイナスプロジェクトの取り組みに参加しました。1トンの炭を撒いた保育所近くの畑を、地元の農家のご協力を得て、保育所の菜園として活用させていただき、菜園活動を行いました。園児が種を蒔いて、苗植え、草引き、水やり等を保育の中で畑へ出向き、世話をして、野菜の生長を観察したり、変化に気付いて、クルベジ®の収穫の喜びを全園児で体験することができました。

　農事法人ほづからもいろいろな野菜苗をいただきました。キュウリよりも長いナスビ、グレープフルーツほどの大きさのパプリカなど、いつもの菜園活動とはちょっと違う野菜の苗をいただく中で、子ども達も毎日畑に行くのを楽しみにしていました。ダイコンもたくさん収穫しましたが、葉っぱを引っ張って抜く時には、土の中から大きなダイコンが出てきて、子ども達もとても満足し、楽しむことができました。他にもジャガイモ、サツマイモ、ピーマン、キュウリ、トマト、カボチャ、マクワなど、多くの野菜を収穫しました。登園してくる道すがらに畑の様子を見ていた子どもが、すごい勢いで「先生、大変やー！」「ダイコンの葉っぱに黒い虫がいっぱい付いとっ

農家にお借りした保育所菜園　　　　保津小学校の児童と一緒に麦踏体験

たー！」と報告してくれました。「それは大変や」ということで、保育所の子ども達と一緒に虫取りに出かけたり、「畑が凍っとる。ダイコンも凍っとった。あれは大変や、どうしよう」など、畑の変化にも気付き、子ども達が生活の中で関心を持ちながら菜園活動を楽しむことができました。

　また、保育所では、自園給食をしているので、収穫したものをその日の給食の食材に活用したり、レシピを野菜と一緒に家庭に持ち帰って、家族とともに味わうという、取り組みも行いました。保育所内での子どもクッキングでは、サツマイモを収穫した時に、サツマイモのコロコロボールやバター焼きを体験し、親子クッキングではダイコンを親子で包丁で切って調理し、けんちん汁を味わう調理体験もしました。いずれも菜園で収穫した野菜を活用して、五感で瑞々しさや匂いなどを感じ取りながら自分達で作った満足感に浸り、美味しく味わい、楽しむことができました。野菜を食べるのが苦手な子どももいましたが、自分で収穫した野菜は何よりのご馳走で、普段は食べにくい野菜でも、保育所で取れた野菜は美味しいと、家の人に自慢をしながら食べている姿があったということを保護者から聞くことができました。栽培と収穫と味わうという、つながりのある取り組みの成果だと思います。

　2009年2月には作品展を開催し、『おいしい国へようこそ』というテーマで子どもが、野菜畑とレストランを作品として製作しました。野菜畑には今まで収穫した野菜や虫・ミミズや、菜園活動で体験してきたものがたくさん作られていました。後日のごっこ遊びの中では、野菜の直売やレストランでの食事などをお店屋さんとお客さんに分かれて楽しみました。「このダイコ

園児たちが収穫したたくさんの野菜

ン、やわらかいですよ」「このトウガラシはちょっと苦いです。辛いですよ」と、子ども達の体験の中からのやりとりをしている姿を見て、生きる力が付いてきていることを感じさせられました。

　また、2009年度はNPO法人地域予防医学推進協会の方の協力を得て、健康紙芝居を継続して実施していただきました。保育所でも給食食材の三色食品分類を幼児クラスが継続して取り組んでいるので、運動会ではこの健康紙芝居とあわせて、保護者への啓発ということで、親子競技で食材の三色食品分類をテーマにした競技も行いました。最後に保育士が黄・赤・緑の三色レンジャーになって登場し、好き嫌いなくバランス良く食べるように約束しました。健康紙芝居の最終回には、髭を生やしたクルベジ®博士に来ていただきました。自分達の身の回りにある生活からも二酸化炭素が発生していることを、風船を使って教えていただきました。保育所の子どもにとっては、難しい内容ではないかと思っていたのですが、1月の寒さが続く中、春のような暖かい日があった時に、子どもが、「今日はあったかいなあ」「ああ、そうやな。これ地球温暖化や」と話をしていました。「地球温暖化って知ってるで。二酸化炭素とCO_2やろ。車からいっぱい出てんねん」といった子どもの話す様子を見ていて、クルベジ博士から聞いた話と生活が結びついて学びとなっているいることに感心しました。今後子どもたちが成長して、いろんな情報を得ていく中で、健康紙芝居の学びが接点になって、知識につながっていく、良い体験をさせていただいたと思います。

　また、親子で取り組むエコ手帳にも6月と1月の2回取り組みました。2

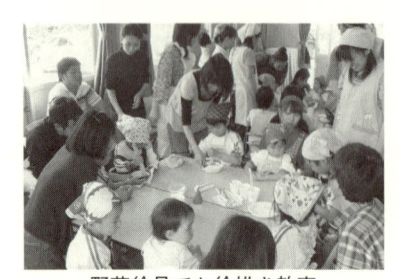

野菜絵具でお絵描き教室　　　　親子クッキング（けんちん汁）

週間に渡って3つの項目について、できたらシールを貼るという形で行いました。「使っていない部屋の電気は消しましょう」という項目があり、お母さんから「先生、子どもが至る所の電気を消すんですよ」という話がありました。2週間エコ手帳をつける事から、保護者も「これだけいらない電気があったんやなあ」と気付き、環境にやさしい生活に対する意識を持って頂いたと思います。

　カーボンマイナスプロジェクトの取り組みに参加させていただき、地域の皆さんの本当に温かいご協力の下で多くの体験をさせていただいて、大変充実した保育を展開できたことを大変喜んでいます。

年間活動概要（2009年度）

菜園の広さ：2アール
投入した炭堆肥：1トン
栽培した作物：ジャガイモ、サツマイモ、ピーマン、キュウリ、トマト、カボチャ、
　　　　　　　マクワ、パプリカ、バイオレットダンサー（ナス）、タマネギ、ダイコンなど

時期	活動内容
4月	炭堆肥のすきこみ
5月	夏野菜植え付け
6月	親子体験教室「野菜絵の具でお絵かき教室」 親子で取り組むエコ手帳パート1、ジャガイモ収穫
7月	夏野菜の収穫
8月	健康紙芝居1（生活リズム・朝食とおやつ食育、3色食品群の赤群の働き）
10月	運動会（三色食品分類をテーマにした競技の実施） サツマイモの収穫、調理体験 保津火まつり　みこし製作
10月～12月	健康紙芝居2、3、4（食育、三色食品群の働き、素材の味、生活リズム、食育、水の働き、冬の野菜など）
12月	大根植え付け
1月	クルベジ®紙芝居・クルベジ®博士の解説、親子で取り組むエコ手帳パート2
2月	作品展（野菜畑とレストラン）
3月	大根収穫、親子クッキング　けんちん汁調理体験、ジャガイモ植え付け

第3章 保育・教育機関の実践

コラム3-1 紙芝居を通じた食育・健康の普及、啓発活動

特定非営利活動法人 地域予防医学推進協会副理事長 中西 啓文

　子どもたちと保護者に適切な生活習慣を身につけてもらうことで、将来的に健康な暮らしができる地域創造を目的とし、2003年に医師や看護師・保健師を中心としたスタッフで本協会を設立しました。経済産業省や文部科学省、京都市等の支援で教材「健康紙芝居」を66タイトル開発、現在までに京都市内の幼稚園や保育園を中心に延べ約3万人以上の子どもたちに当スタッフが出向き「食育」「衛生・生活リズム」「心の健康」「からだのしくみ」の4分野で健康教育を行ってきました。そして2007年から体験型食育農園「びしゃもんファーム」を亀岡市で開催しています。親子で土作りから種蒔、水遣りや雑草駆除、収穫、収穫した野菜の調理体験や里山を探検と、自然を相手に色々な体験ができる環境を提供しています。
　今回の亀岡カーボンマイナスプロジェクトでは、クルベジ®紙芝居の開発・制作と保津保育所での紙芝居上演を担当しました。私たちの専門分野ではない環境分野の表現方法にとても苦労しましたが、何とか関係する皆さんの協力を得て事業を行うことができました。そして、その後もこの紙芝居を色々な人たちへの情報伝達媒体として活用してもらっているということで、うれしく思っています。このプロジェクトに参加した子どもたちはとても有意義な体験をしたのではないでしょうか。この体験が活かせる地域づくりの継承を心より願うと同時に、私たちスタッフがこのプロジェクトに参加させていただけたことに感謝しています。

健康紙芝居「けんちゃん・こうちゃん」　　食育農園「びしゃもんファーム」

コラム3-2　環境と食を結ぶ学習プログラムの展開

亀岡市教育委員会学校教育課

　環境教育、食育学習は、社会、理科、国語、家庭科といった教科の学習だけでなく、総合的な学習の時間のなかでも、各学校において創意工夫をした学習プログラムを組んでいるところです。児童・生徒が体験を通して環境や食の学びを進めていくカーボンマイナスプロジェクトの展開は、環境教育・食育学習の有用な学習プログラムの1つになっています。

　「炭堆肥を土の中に入れて二酸化炭素を削減する」という、不思議さとともに、それが地球温暖化防止につながっていく驚きは、児童にとっては貴重な経験です。そして、実際自分らで、この炭堆肥を使った炭素貯留農法で地球に優しい農作物を栽培し、収穫から調理、食へとつなげていく体験をつんでいきます。また、そうした体験と併せて、家庭で保護者と一緒に省エネにチャレンジしていく。こうした一連の学習は、児童・生徒が日常生活のなかで環境に配慮した取り組みを知り、目を向ける機会、将来にもつながっていく機会にもなったと思います。

　今後、炭素貯留農法がより広まり、クルベジ®の付加価値が一層高まることによって、学校教育のなかで、環境と食を結んだ本学習プログラムがより定着していくことと推察されます。今後の研究推進に期待をしています。

2　亀岡市立別院中学校
～環境・農園活動の推進～

中学校概要
　大阪の高槻市、茨木市に隣接し亀岡市の南部に位置する山間部の農村地帯である。4学級の小規模へき地校でもあり、生徒の大半は、自転車通学である。また、年間通じて、総合的な学習の時間を活用して、農園活動をさかんに行っている。
生徒数：77名
住所：亀岡市東別院町南掛一の坪1
電話：0771-27-2354

　本校では、以前から環境活動や農園活動に力を入れて取り組んでいます。紙のリサイクルを始め、雑巾や軍手を洗濯して何度も使用して活用するほか、金属の回収や、電気製品の回収等も積極的に行い、学内のゴミ減量化にも取り組んでいます。リサイクルからリユースへ、そして学校における日常生活の見直しまで進めています。

　2010年度には農園に計5トンの炭入りたい肥を投入し、夏野菜、冬野菜、米作りに活用しました。気候や、肥料など様々な自然界の変化で、全てが炭入りたい肥の成果とは言えませんが、作物に明らかに成果があるものもありました。1年生は、夏野菜を中心に、ナス、キュウリなどを作付けしましたが、大半は順調に育ち、長期にわたって良い形の野菜ができました。また、2年生は、冬野菜を中心に、ダイコン、ハクサイをはじめ、ジャガイモ、サツマイモなどを作付けしました。サツマイモは、地元の保育所の園児と共に、いも掘りを行いました。3年生は、春にもち米の苗を植え、秋には180kgのもち米を収穫することができました。PTAとの餅つき大会を開催し、前年度より多くの方々の協力を得て、部活動中の生徒に、様々な餅をふるまうこと

ができました。また、かき餅作りも行ったり、ハクサイやダイコンの折れたもの等を活用して、塩漬け、ぬか漬けなどを作るなどし、収穫できたものを無駄にすることなく全生徒に配布しました。夏休み前には、クルベジ®紙芝居の学習を行い、CO_2による温暖化の学習にもつなげることができました。

活動風景

保育所の園児と共にいも掘り作業

年間活動概要（2010年度）

農地・圃場の広さ：14アール
投入した炭堆肥量：5トン（CO_2換算　1.833トン）
栽培した作物：もち米、カボチャ、トウモロコシ、サツマイモ、キュウリ、ナス、万願寺トウガラシ、ミニトマト、ハクサイ、ジャガイモ、タマネギ

時　期	活動内容・参加者・協力者
3月	炭堆肥のすきこみ
5月	1年生夏野菜の植え付け 2年生サツマイモ植え付け 3年生もち米の植え付け
7月	1年生夏野菜の収穫 全校生徒：クルベジ®紙芝居の実施
9月	2年生冬野菜の植え付け
10月	2年生サツマイモ収穫、 3年生もち米の収穫、餅つき大会の実施

第3章 保育・教育機関の実践

> **コラム3-3**　　　　地産地消の推進

亀岡市農政課

　亀岡市は京阪神の大都市近郊に位置し、京都府下でも有数の広大な農地を有していることから、地域の活性化には農業が大きな役割を果たすものと考えています。そのため、「生産者」「消費者」がともに元気になるまちづくりを目指して、2010年に「新亀岡市　食・農・健康・にぎわい行動プラン」を策定し、様々な角度から地産地消の推進に取り組んでいます。

　その一環として、特に子どもの「食」について、「農」の視点に立った取り組みとして、小・中学校において農作物の栽培から収穫・調理までの一連の体験学習を行う食農学習を支援しています。また、学校給食における米・野菜などは地元産食材を積極的に利用しており、「食べる」ことを通じて地元農業や食と農の関わりについての学習推進につなげています。

　今回のカーボンマイナスプロジェクトでは、学校給食に食材を提供する団体や学校の協力をいただき、農業と環境の両面に目を向けた取り組みとして、子どもたちにも理解しやすい形で実施できました。学校給食に提供されたクルベジ®には「甘みがあっておいしかった」などの感想が寄せられ、食農学習の取り組みと併せて、環境に配慮した取り組みに目を向ける良い機会になったと思います。

　また今回の取り組みを通じて、農業分野において今後炭堆肥を広く活用していく可能性が出てきたと考えております。市民への安全で安心な農作物の提供と、環境に配慮した農業に有効な手段として、今後の研究に期待しています。

コラム3-4 子ども達に安全・安心な野菜を

旭町学校給食部会　平井　賢次

　私たちの学校給食部会は、平成9（1997）年に地元の子どもたちに、地元で生産した『安全・安心』な野菜を少しでも安く提供し、学校給食センターにも生産者にもメリットがあり、子どもたちにも美味しいと喜んでもらいたい、という願いから立ち上げた組織です。

　亀岡市立学校給食センターは1日約6,000食を調理するので、年間を通じて野菜を供給するには同じ思いをもった者たちの生産組織でないと長続きはしません。私たちは毎月1回会議をし、作付計画や意見交換会をしています。私たちの喜びは、子どもたちが美味しいと言って喜んで食べてくれることや生産者の気持ちを理解してくれることです。

　私たちが学校給食に供している野菜は、全品エコファーマー※の認証を受けた産物です。今回、亀岡カーボンマイナスプロジェクトへの取り組みに関わらせてもらい、強い関心と期待をもちました。

　炭堆肥を活用したクルベジ®の栽培については、取り組んで年数も少なく結果はあまり分かりませんが、キャベツ、ダイコンでは成育が大変良く、品物が揃っていて不良品が無かったので生産者にとっては大変嬉しいかぎりです。心配なのは、炭堆肥のコストの問題です。生産者にとって農作業の手間はあまり変わらないと思いますが、費用が掛かってもその分を販売価格に上乗せすることが難しいという思いがあります。しかし、環境問題が大きくクローズアップされている今日、関係機関の取り組みに大きな期待と希望をもっています。

※「持続性の高い農業生産方式の導入の促進に関する法律」に基づき、環境にやさしい農業に取り組む計画をたて、その計画が知事の認定を受けた農業者（個人または法人）の愛称

3　亀岡市立保津小学校
　　～ダーウィン探検隊（総合的な学習）における
　　　　カーボンマイナスプロジェクトの取り組み～

小学校概要
　保津町は亀岡市の北東部に位置し、住宅地域は東西1km、南北2kmで、学校はほぼその中央にある。また、当町は名勝「保津川下り」の起点である乗船場があり、その船頭として働いている人も多い。
　本校では人権尊重を基盤に据え、一貫して人権意識を高める教育を推進している。学習指導や道徳・特別活動等において確かな学力を身につけ、豊かな感性や人間性を育むと共に、異年齢集団の取り組みを通じて思いやりの心を持った人間教育を目指している。

児童数：68人　　　住所：亀岡市保津町構ノ内20
電話：0771-22-0350

　本校5年生の総合的な学習の取り組みとして、地元の方々や近隣の大学生の皆さんの協力のもと、保津町内の圃場整備された田んぼの1年間を通した生き物の調査や学校周辺の大気の状況調査を行い、その一環として2009年度から、地元の竹を炭堆肥にして作物を育てるカーボンマイナスプロジェクトにも参加しました。

　はじめに地元の農事組合法人と協力して実験・研究されている立命館大学や京都大学の学生さんから、プロジェクトの概要や意義についての話を聞き、それから実際の作物を育てることに取り組みました。キャベツの植え付けから世話、収穫に至るまで農事組合法人ほづの方々に援助していただき、冬には無事収穫することができました。収穫したキャベツは、保護者とともに調理実習を行いロールキャベツを作り、協力していただいた農事組合法人の方々や自治会の方々を招いて、試食会を行いました。子ども達の感謝の気持ちがこもったもてなしに参加された方々は大変喜ばれていました。また、収穫したキャベツも柔らかくて、甘いと子ども達に大変好評でした。

　子ども達にとって、カーボンマイナスプロジェクトの内容は難しかったよ

うですが、炭を地中に閉じ込めることが大気中のCO_2の削減につながること、それが作物の生育によい影響を及ぼせば一石二鳥になるというように理解していたようでした。地域の人々と触れ合いながら、CO_2削減という目的を持って作物を育てる学習は、大変有意義なものでした。

活動風景

キャベツの植え付け　　キャベツの収穫

キャベツの収穫　　地元の方々を招いた試食会

年間活動概要（2009年度）

農地の広さ：2アール
投入した炭堆肥量：0.5トン（CO_2換算　0.183トン）
栽培した作物：キャベツ

時　期	活動内容・参加者・協力者
9月	立命館大学学生からカーボンマイナスプロジェクトの説明を受ける
	キャベツの植え付け
10月	キャベツの手入れ（草引き等）
11月	キャベツの手入れ（草引き等）
12月	キャベツの収穫（一部） 地域の方々を招き、収穫したキャベツを調理・試食する （ロールキャベツ）（保護者・自治会の方々・農事組合法人ほづ方々）
1月	キャベツの収穫
2月	若あゆフォーラムで学習発表（自治会等地域の方々多数参加）

第3章　保育・教育機関の実践

> コラム3-5　クルベジ® 給食の提供の舞台裏

亀岡市立学校給食センター

　学校給食では、日々の献立が成長期にある児童の健康の保持増進のため、安全で多様な食品を組み合わせバランスのとれた食事内容となるよう、またおいしく魅力あるものとなるように努めています。さらに、望ましい食習慣の形成や明るい社交性及び協同の精神を養うなど「食」に関する指導に役立つように配慮しています。また、亀岡市では2006年より学校給食における地産地消を推進しており、学校給食の中でも亀岡産野菜の使用に努めています。

　年間約190回の給食実施計画の中に、2009年秋頃、「クルベジ®」という言葉が飛び込んできました。炭素貯留農法による環境に配慮した野菜を使った給食献立を考えてほしい、とのことでした。亀岡市でカーボンマイナスプロジェクトに取り組んでいることも知りませんでしたが、いろいろとお話を聞かせていただく中で、センターで取り組めることがあるならば大変すばらしく、夢のある取り組みになると感じました。

　2010年11月下旬～12月上旬にかけて、計4回クルベジ®給食を提供することになりましたが、梅雨明けままならない頃から、秋ごろに収穫される野菜を教えていただき、さらに約6000食の給食に使用できる材料をピックアップし、目の前に思い浮かべながら献立作成にとりかかりました。その効果やアピール等も考慮し初日の献立は、使用する野菜は全てクルベジ®のみを使った献立内容にしました（ごはん、牛乳、大根のみそ煮、信田あえ）。

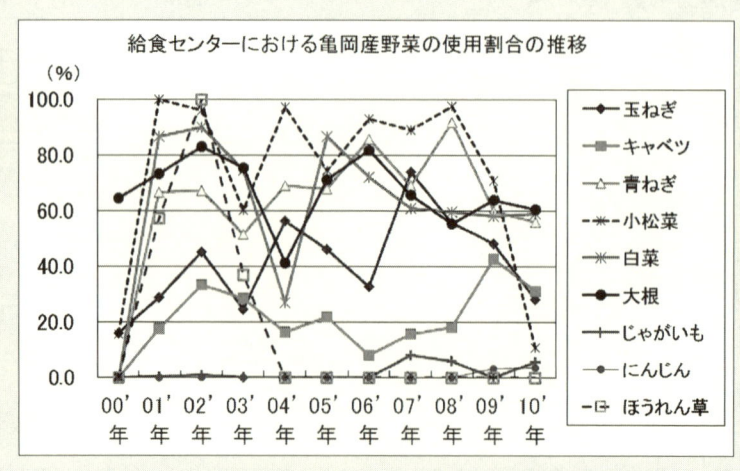

給食センターにおける亀岡産野菜の使用割合の推移

凡例: 玉ねぎ、キャベツ、青ねぎ、小松菜、白菜、大根、じゃがいも、にんじん、ほうれん草

80

土壌の関係から思うように大きく育たず、急遽切り方や釜に入れるタイミングを変更したりするなど、当日調理場全体に普段にはない緊張感が走りました。調理された給食を子どもたちが食べてくれ、給食センターに空っぽになった食缶が戻ってくるまで、楽しみでもあると同時に、このクルベジ®に関わった多くの人たちの想いをこの献立を通じてうまく伝えることができただろうか、味わい、感じとってくれるだろうかという緊張した時間でもありました。

　学校からは、「柔らかく野菜そのものに甘みがあっておいしかった。」「学校でも環境活動の取り組みを積極的に導入していきたい。」「児童にも集会や放送で紹介し、地域や環境の問題と食べることのつながりを考えるよい機会となりました。」等々多くの感想が寄せられ、クルベジ®で給食センターと学校・家庭・地域・生産者の方々・市の関係各課等の輪をさらに深めることができたプロジェクトになったと思います。

　給食センターでは、地場産の食材を優先的に使用していますので、クルベジ®の積極的な使用を考えていきたいと考えています。しかし、炭堆肥の製造に経費がかかり、この部分をどうやってまかなっていくかが今後の課題です。給食に使用する場合には、現在の地場野菜との価格差が生じると、給食会計に負担をかけることになるため、農産物の生産コストの削減、または価格差を補てんできるような仕組み作りに期待したいと思っています。

じゃがいもの芽は1個ずつ取ります

野菜の洗浄などを行う下処理室

ごはん、牛乳、大根のみそ煮、信田和え

チキンライス、牛乳、クルベジスープ、みかんゼリー

4 亀岡市立本梅小学校
～体験活動を重視した食育食農～

小学校概要
亀岡市の西部山間に位置し、湯の花温泉を経て畑野町と能勢妙見に至る分岐点(本梅谷)辺りが校区である。
学校目標を「豊かな感性と質の高い学力を持ち、正しくたくましい自ら活動する児童の育成」とし、基礎的な知識、技能を獲得し主体的に学び「生きる力」を身につけた児童の育成をめざしている。
児童数：99人
住所：亀岡市本梅町井手早田垣内23
電話：0771-26-3009

　本梅小学校では、以前から地域の農家に畑を借りて食育食農の栽培活動に取り組んできました。また、体験活動を重視し地域の自然や米作り、野菜作りを学び、農業用水、ため池などの重要性や本梅の自然環境にあう農業など、様々なことを地域の方々から学んできました。そのような中で、平成22(2010)年度にカーボンマイナスプロジェクトを紹介され本梅小学校でも取り組むことになりました。はじめは、カーボン‥と聞いてもピンときませんでしたが、話を聞いていくうちに、作物栽培に有効であるだけでなく、二酸化炭素を減らす壮大な計画の一つであることも分かってきました。

　学校では、サツマイモを中心にカボチャ、トマト、トウモロコシなどを植えました。10月の収穫ではとても大きなサツマイモがとれました。カーボンマイナスプロジェクトについては、5月にそのねらいについて話を聞きました。夏休みには、省エネチャレンジ・エコチェックシートの取り組みを保護者にも呼びかけました。本梅小学校全体で削減できた二酸化炭素の量は約60kg、ゴミ袋換算で1050袋でした。1人1人の努力で大きな成果が表れると実感しました。カーボンマイナスプロジェクトへの参加や、クルベジ®の栽

培は初めての取り組みでしたが、野菜を育てると共に、二酸化炭素を減らすという有意義な取り組みとなりました。

活動風景

カボチャの植え付け

農園の様子

サツマイモの収穫

サツマイモの試食

年間活動概要（2010年度）

農地・圃場の広さ：2.2アール
投入した炭堆肥量：0.5トン（CO_2換算　0.183トン）
栽培した作物：サツマイモ、トマト、カボチャ、トウモロコシ、キュウリなど

時　期	活動内容・参加者・協力者
4月	炭堆肥のすきこみ サツマイモの植え付け（1～3年生）
5月	トマト、カボチャ、トウモロコシの植え付け（1、2、5年生）
8月	夏休み省エネチャレンジ 保護者用エコチェックシートの実施（1～6年生）
10月	サツマイモ収穫、試食（1～3年生）

5　亀岡市立吉川小学校
〜食育推進と環境教育〜

小学校概要
明治15年吉田村に有秋小学校として設立され、昭和22年に吉川村吉川小学校と改称された。校舎が周りを田畑に囲まれた現在地に移転したのは昭和49年で、児童減数に歯止めをかけるため、平成8年におよそ200戸からなる府営住宅が誘致され現在に至っている。
児童数：74人
住所：亀岡市吉川町穴川平田17
電話：0771-22-1210

　本校は、教育目標の「健康で、ねばり強い子」をめざして、平成17（2005）年度より食に関する実践モデル校として「食育」に取り組んでいます。

　食に関する体験活動の一つとして、毎年全校児童による畑の野菜栽培や5年生児童による米作りを実践してきました。野菜や米作りは、子ども達だけではできないことが多く、地域の農家の方々からたくさんのことを教えていただきました。また、育てることの難しさや世話をすることの大変さを経験したことで、収穫の喜びや自分たちの手で育てた食物を調理して食べることの満足感も味わいました。

　平成22（2010）年度には、亀岡カーボンマイナスプロジェクトに参加し、田に炭堆肥を投入して米作りを行いました。地域の方から、見事な収穫高だとほめていただき、収穫した米は全校児童にも分けて、各家庭で食べました。

　その年の12月に、全校児童の前で、炭堆肥がどのような効果をもたらすのかについて「クルベジ®紙芝居」で説明してもらいました。内容的には、少し難しい部分もありましたが、2年生児童でも「炭を畑に入れると、地球の空気が美しくなることがわかりました」という感想を述べています。これからの環境教育に組み入れ、より理解を深めていきたいと考えています。

活動風景

野菜を植え付ける児童

田植え（5年生）

稲刈り

クルベジ紙芝居を見る児童

年間活動概要（2010年度）

農地・圃場の広さ：5アール
投入した炭堆肥量：1トン（CO_2換算　0.367トン）
栽培した作物：米

時　期	活動内容・参加者・協力者
3月	地域の方の協力を得て炭堆肥のすきこみ
5月	地域の方の協力を得て5年生児童による田植え
10月	地域の方の協力を得て5年生児童による稲刈り 地域の方によって籾すり、5年生見学
12月	クルベジ® 紙芝居の実施（全校児童）
2月	5学年PTAで米を使った親子調理（巻き寿司）

第3章　保育・教育機関の実践

コラム3-6　　クルベジ® 博士の大発明
　　　　　～地球にやさしい野菜を食べよう～の紙芝居を演じて

亀岡子どもの本研究会

　私たち「亀岡子どもの本研究会」は文庫活動を行っていた母親の勉強会として昭和56（1981）年にスタートしました。自分たちも楽しみ、子どもたちにも楽しんでもらいたいと、手作りの絵本を作ったり、自分たちの住んでいる町をみつめてみようと創作民話作りにも取り組み、1年に1冊「亀岡の創作民話集」を編んでいます。また、「人形劇」・「大型紙芝居」・「読み聞かせ」・「ブックトーク」なども行っています。

　メンバーは全員主婦で、みんなでわいわいガヤガヤ楽しみながら活動を続けている私たちに、カーボンマイナスプロジェクトに関わる紙芝居を読んでほしいという話を亀岡市を通していただきました。いつもは自分たちが作った大型紙芝居の公演を行っているのですが、作られたものを読む、ということは初めてのことでした。どうしたものかと話し合った結果、炭堆肥を使った炭素貯留農法のことを自分たちがよく知ったうえでやらせてもらおう、ということになり、龍谷大学の先生に詳しく話をうかがいました。なかなか難しい話でしたが、メンバーみんなで意見を出し合い、登場人物ごとに声の担当を決めたり、読み方にも工夫をこらしました。また、効果音やバックミュージックなども入れて、子どもたちに楽しく聞いてもらえるように努力をしました。

　とてもいい取り組みにかかわらせていただき、私たちの活動にも幅ができました。環境問題という大事なことがらを子どもたちにわかりやすく伝えるということには難しさを感じますが、もっともっとわかりやすくしてこの取り組みが広がっていくことを願っています。

第4章　2009年度LORC国際シンポジウムパネルディスカッション
炭を使った農業と地域社会の再生
～市民が参加する地球温暖化対策～

第4章　2009年度　LORC国際シンポジウムパネルディスカッション

　2010年3月に、龍谷大学、立命館大学、地元関係機関などが連携し、炭が環境型地域再生に果たす役割について考えるシンポジウムを京都府亀岡市で開催しました。

　農業におけるバイオマス炭の評価など国際的な動向と、国内における炭素貯留技術の実証に向けた取り組みに関する講演をうけて、パネルディスカッションでは、炭を使った地域再生のあり方、市民が参加する地球温暖化対策について、各専門の方々から幅広く示唆をいただきました。

　当日は亀岡の市民をはじめ、全国各地からも専門家の方など、約150名の方にお越しいただき、プロジェクトの取り組みや世界的な意義について広く周知するとともに、今後の課題や展望が明らかとなりました。

　ここでは、パネルディスカッションの概要を紹介します。

```
日　時：2010年3月8日（月）10：30～16：40
会　場：ガレリアかめおか大広間
主　催：龍谷大学地域人材・公共政策開発システムオープン・リサーチ・センター（LORC）
共　催：亀岡市、立命館大学地域情報研究センター、日本バイオ炭普及会（JBA）、
　　　　地域公共人材大学連携事業
プログラム：
基調講演：鐘ヶ江秀彦氏（立命館大学地域情報研究センター長／政策科学部教授）
　　　　　「国内における炭の農業利用と地域再生への期待」
特別講演：アッティリオ・ピニェーリ氏（ニュージーランドマッセイ大学エネルギー研究センター副所長）
　　　　　「炭の活用による気候変動の緩和～近年の動向と将来の展望」
取組報告：亀岡カーボンマイナスプロジェクトの概要説明
　　　　　龍谷大学LORC、立命館大学地域情報研究センター
パネルディスカッション：「炭を使った農業と地域社会の再生
　　　　　　　　　　　　～市民が参加する地球温暖化対策～」
```

パネリスト：伊東　真吾氏　京都府地球温暖化防止活動推進センター事務局長
　　　　　　小川　　眞氏　日本バイオ炭普及会（JBA）会長、
　　　　　　　　　　　　　大阪工業大学環境工学科客員教授
　　　　　　酒井　省五氏　農事組合法人ほづ代表理事
　　　　　　二階堂孝彦氏　農林水産省生産局農業環境対策課課長補佐
コーディネーター：富野暉一郎氏　龍谷大学法学部教授

（※所属、肩書きは2010年3月当時）

自己紹介・活動紹介

富野：前半の講演では、炭を使った農業は「地球温暖化問題」というグローバルで非常に重要な問題に直接関係があり、炭は「炭素隔離」、いわば石炭を掘り出して使っていたものを、逆に石炭を作っているような、非常に画期的で誰もが関与できる一般的な技術であるということでした。亀岡市では小学生や保育園児、そして農業や商業関係など、多くの市民の皆さんが関わってプロジェクトが進められているとともに、学問的にも多様性を持っており、世界的な問題にもつながった非常に大きな側面を持った取り組みです。

富野暉一郎氏

パネリストの皆さんは多様な立場からきていただいています。まず、皆さんの活動内容と、亀岡カーボンマイナスプロジェクトについて、ご自身の活動から見た課題や可能性をお聞きし、今後、亀岡市、あるいはこのプロジェクトはどういう方向に展開していったらいいか、どのような可能性を持ったものとして私たちは展開していったらいいのか、などについて議論できればと思っています。

酒井：農事組合法人ほづの酒井です。2007年から環境に関わる活動をできないかと思い、京都府地球温暖化防止活動推進員を務めています。同じころに亀岡市の紹介で立命館大学の先生にお会いして、亀岡カーボンマイナスプ

ロジェクトへの参画のお誘いをいただき、早速、農事組合法人ほづの理事会にも相談し、幻の小麦と称された「保津小麦」を復活させようという話もあったので、町おこしも含めて協力しようということになりました。

　ＪＲ亀岡駅の北側の田んぼの真ん中に同プロジェクトの看板が揚がっていますが、クルベジ®として最初に小麦を栽培しました。炭を入れたところは丈が短くて穂が長い理想的な体形になり、収量も3割ぐらい上がりました。一方で、炭を入れていないところは、倒れたり、背丈が伸び過ぎたところもあったので、結構な効果があったのではないかと思います。

　その後、水稲、ネギ、2009年の8月からキャベツを栽培しており、キャベツは約1万4000個ほど収穫できましたが、販売したのは約1万個です。2009年の秋は野菜がとても安く、苗が60円程度かかるのに、キャベツで1.5～1.7kgの卸値が約30円でした。正月明けからは、一部コープこうべで実験的に販売しましたが、配送距離をあまり長くしたくないので、それ以外は亀岡市内のたわわ朝霧（JA京都ファーマーズマーケット）、や地元のスーパーなどで販売しました。

　京都新聞に私たちの取り組みが大きく掲載されたのち、多くの方に問い合わせを頂き、みなさんからとても興味を持ってもらっています。たわわ朝霧に持っていった時には、「食べてみたら美味しかった」という消費者の方からの感想もいただきました。

　このように、炭と堆肥を入れて、丈夫な美味しいキャベツが採れるという実証ができました。2009年は60アールの農地に炭を入れましたが、2010年はその他の野菜を入れながら2.5ヘクタールぐらいまで増やしていきたいと思っています。また、二毛作もチャレンジしていきたいと思っています。

　このように、新しい取り組みにチャレンジしましたが、日本中の農業を活性化したいという思いが一番大きかったのです。去年から飼料用米も栽培し

酒井　省五氏

ており、売れ行きや評判も良かったので、今後も前向きに展開していきたいと思っています。また、皆さんに農業を知ってもらうために体験農業塾を実施しました。田植え体験や刈取り体験など、いろいろな体験を通じて、農業の大変さも分かってもらいながら、農業を理解してもらい、消費者の皆さんにもアドバイスなどをしていけたらと考えています。

富野：酒井さんはとても柔軟な方で、いつも非常に積極的に対応していただいています。我々は、このプロジェクトの中で野菜のブランド化、クールベジタブルを普及していきたいと思っていますが、このような地元の方々と連携できることで、非常にうまくいくと思っています。

伊東：私ども、京都府地球温暖化防止活動推進センターはNPO法人で、京都府から2003年に認証を受け、京都府内の温暖化防止の取り組みを活発にしていこうと活動しています。

実際のCO_2の排出量については、京都府の環境審議会によると、1990年に比べると産業部門はかなり減っているようです。工場移転などの部分が大きいのですが、一方で、家庭や業務部門などでは右肩上りで増えています。現在、国でも同じような議論がされていますが、今からCO_2削減量を半減するぐらいのペースではないと、日本が掲げた2020年あるいは2050年に$CO_2$25％減という目標は達成できないということが計算されており、これをどのように実現していくかが非常に大きなテーマになっています。

そのためにはただ単に掛け声をかけているだけではなく、仕組みづくりと、それを担う人づくり、経済の仕組みの三位一体で同時に進めていかないと削減は実現しないと思っています。

ではどのような仕組みを作るかですが、我々が事務局を務めている「京都CO_2削減バンク」では、登録した家庭の電気・ガスの消費量の変化を把握し、CO_2排出量に換算します。そして、家庭で減らした電気・ガスの消費量（CO_2）を、産業部門で多くのCO_2を排出する京都府内の企業に買い取っていただ

伊東　真吾氏

き、それをエコポイントという形で家庭に渡して、協力店などで使っていただこうとしています。例えばスーパーのポイントや、亀岡商業共同組合のふれ愛ポイントなどに、このエコポイントを互換できます。要するに「我慢」と言うだけで

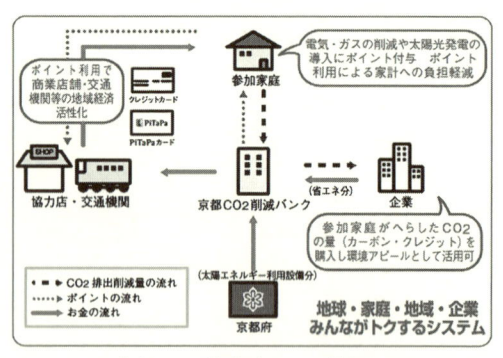

京都CO₂削減バンクの仕組み

はなく、対価があるんです。それが地域経済に対して流れていく仕組みを作るということで、2008年度から始め、2009年度現在京都府内で約2500世帯が参加しています。家庭でのCO₂削減量1kgあたり約5円としてポイントを付けます。

ただし、実際には、各家庭でそれほどたくさんのCO₂を減らせないということが分かりました。ポイントをつけるだけではなく、家庭でどこをどうすれば減らせるか診断をする地域単位の仕組みが必要ではないかと考えています。

龍谷大学では、保育所でのエコチェックシートに取り組んでおられますが、もう少しきめ細かくやろうと考えています。例えば「うちエコ診断プログラム」を使い、「あなたの家では暖房や給湯が多いです」「暖房器具を効率的なものにしたらこれぐらい減ります」という個別診断や、「太陽光発電を付けたら、何年後に元が取れます」という話も含めた診断プログラムです。兵庫で先行実施されていますが、2010年度、京都府内でもモデル地域を決めて導入をしていきたいと考えています。そして、このような診断を行える人づくりや、地域一帯で取り組みを仕掛けることができないかと準備をしているところです。

また、家庭でCO₂を減らした分を企業に買っていただくわけですが、いろいろな使い方があります。例えば京都の半導体メーカー株式会社ロームでは毎年クリスマスの時期に自社工場の周りで大規模なイルミネーションを実施

して、1カ月ぐらいで約25トンのCO_2量に相当する電気が使われます。それを家庭のCO_2を減らした分でオフセットしようとクレジットを購入され、オフセット認証を発行し、実施されるという事例がありました。

また、私どもが事務局をしている別の取り組みで、「ウッドマイレージ」というものがあります。地産地消は運ぶ距離が短くCO_2削減になるということで、フードマイレージという概念からきているのですが、木材について「ウッドマイレージCO_2」を計算し、「京都府産木材証明書」を発行し、実際に家を建てられた方に証明書をお渡しする取り組みをこの4、5年続けてやってきています。

京都の木の家のモデルハウスがJR二条駅前にありますが、一般の木は遠くから来ているので、地産地消によるCO_2削減効果は約87％ということです。ニーズは増加しており、2008年度で京都府内で215軒ぐらいが建ち、今年度も同じぐらいか、もう少し多い認証件数で、制度全体では約300トンのCO_2削減になっています。

この取り組みは輸送部門、地産地消だけに着目していますが、次の段階として木で家を作る全ての過程である、ライフサイクル全体で見ていきたいと考えています。これは、「カーボンフットプリント」と言われているものです。例えば、舞鶴の合板メーカーでは、地元産スギの合板を作っていますが、ロシアや南洋材で作られる合板に比べると、京都府産スギ合板は、ライフサイクル全体を考えても少ないことが分かってきており、現在、このような形でライフサイクル全体の減少値も示せるのではないかという話になっております。

最後に、京都CO_2削減バンクによる中小企業や家庭の省エネ活動や、地域で作られたトータルでCO_2排出量が少ないもの、またCO_2吸収源として、例えばモデルフォレスト協会が京都府内で森林整備を進めているような取り組みをうまく一元的に扱い、大企業に販売したり、カーボンフットプリントの場合は商品にラベルを付け、上乗せした形で売るなど、いろいろな仕組みが考えられないかと、京都府や諸機関と議論を始めています。

当然、ここではフットプリントや省エネの中に、今日のテーマである炭素を隔離・埋設することがローカルルールになれば「ここの竹の林が、炭になって、ここでCO_2削減につながっているんだ」と、見える関係の中で進めていけると考えているので、これからの仕組みづくりに我々もお手伝いをさせていただけるといいなと思いながら、皆さんのお話をうかがっていました。

富野：フットプリントという話がありましたが、日本はいろいろなものを輸入に頼っています。どういう経路で我々が生活の中で使っているものや食べているものが来ているか、もっと見える形になるということはすごく大事なことです。

小川：日本だけでなく世界中で炭は大切だ、炭素隔離や炭の農業利用を進めようという運動が盛り上がってきました。しかし、ぽちぽちやることが非常に大事です。

私は生物が専門ですから、地球上の炭素の分配率を考えてきました。古生代には、大気中の二酸化炭素量多かったのですが、植物体に固定されることによって減っていきました。減少するにつれ、酸素分圧が上がり、酸素が増えてきたので、陸上生物が増えていきました。産業革命以前は地球上の炭素の大部分が化石燃料の形で埋まっていたので、大気中の炭素の量は少なかったのです。地表の生き物や有機物などにも炭素が溜まって地表近くに薄く分布していました。このように炭素が三つに分配された状態のもとで、地球上の生物は進化してきました。これを人間がどんどんと燃やしてしまったのです。当然、大気中の炭素が増えますから、地球上の大気はうんと過去の状態に戻ってしまいます。

これがいろんなところに影響し、気候変動を起こします。森林が吸収源として大切だと言いますが、世界中で木が枯れ、森林火災や盗伐などでどんどん森林面積が減っています。森林が吸収源から排出源に変わりだしたので、枯死や乱伐を止めることが重要課題になっています。さらに、枯れたあとに

小川　眞氏

木を植えることを一生懸命やらなければなりません。
　ただ、エネルギー転換はもっと重要で、膨大な化石燃料の消費を抑える必要があります。だから、新エネルギーの開発やエネルギー転換、さらにエネルギー技術の開発を進めていただかなければなりません。それと同時に吸収源を増やすことが基本的に最も大切ですが、これについて議論の余地はありません。
　心配なのは、化石燃料を燃やすことによってNOx（窒素酸化物）やSOx（硫黄酸化物）などの有害物質が排出されることです。農地面積が増えると、農耕地からアンモニアが出て、それが循環し、森林に入って土壌汚染になり、窒素飽和という状態になります。これが新たに森林の衰退原因になり始めています。これを可能な限り抑えてほしいのです。私たちは3億年もかかって地球が溜め込んだものを、たった200年で使いはたそうとしているのです。
　人類に崇高な目的があったためではなく、楽をし、贅沢し、享楽したいがために地球を破壊してきました。早く反省し、生き方を変えない限り、他にてがないのです。
　もう1つ、2004年の世界のCO_2総排出量は約80億トン、炭素にしたら23〜24億トンになります。日本のCO_2総排出量が約13億トン、炭素にして3.4〜5億トンになります。これほどの量に対して、今日本でバイオ炭として使ったり、作ったりしているのは、年間10万トンにもなりません。炭の中の炭素は80%ですから、8万トンぐらいにしかなりません。CO_2総排出量に対するバイオ炭の占める率は0.024%と微々たるものです。目標を10%削減としても、とても及びません。それほどのものだと承知していないと、炭焼きをやり過ぎてしまいかねません。炭は環境に役立つので、これで地球を救おうという意見もありますが、もしも炭の生産量を世界的に増やしたら、自然破壊に繋がります。カーボンクレジットとして経済価値が生じると、経済優先になり、また森林が破壊される恐れがあります。慎重に考えなければなりませんが、こんなことばかり考えていると、悲観的になってきます。
　一方、この亀岡カーボンマイナスプロジェクトなど、いくつかの地域で、

第4章　2009年度　LORC国際シンポジウムパネルディスカッション

そこの条件に即した形で、どこでも、いつでも、誰にでもできる方法を試していただいています。市民が参加する地球温暖化対策が生まれ、動き始めたとみとめられますので、この取り組みにも大いに期待を寄せて、お手伝いしています。

富野：市民が環境問題にアプローチする、あるいは地域社会が全体として皆で取り組める環境問題として、炭が非常に有効であると先生が確信を持って進めてらっしゃることが興味深いです。科学的にはいろいろな問題があると思いますが、私たちは地域の中に住んでいます。人々が取り組める中で、科学が機能するということについて、小川先生が奮闘しておられる姿勢を心強く思います。

二階堂：炭についてお話しする前に、農林水産省における土づくりについてお話しします。

土づくり、これは農業生産の基礎であり、現在でもこの位置づけは変わりません。しかし近年、土づくりが農業生産のみならず、様々な機能を持っているのではないかと言われております。そこで、農林水産省では、土づくりが持つ機能、特に公益的機能の観点から捉え直し、先般、公表いたしました。

二階堂孝彦氏

1つ目の公益的機能は「作物生産機能」です。作物生産機能が何故公益的なのかと若干違和感があるかもしれません。例えば土づくりをやっていない農地と土作りをしっかりやっている農地があったとします。前者に比べると、後者の農地では持続的な農業生産が可能となります。さらに、しっかりと土作りをした農地は、冷害や干ばつに強いということも分かっています。すなわち、食糧安保という観点からの公益性があるものとお考え頂きたいと思います。

2つ目の公益的機能は、今日のメインテーマである「地球温暖化防止」です。土壌は、2兆トンもの炭素を有機物の形で持っています。大気中の炭素量が7600億トン、植物が保有する炭素量が5000億トンですので、これに比較しても大量の炭素を保有していることがお分かりになるかと思います。し

かも、このうちの40％は農林水産業の影響下にあります。つまり、私たちが管理することができる炭素ということになります。

　農地土壌が炭素を溜めるメカニズムは非常にシンプルです。例えば、多くの稲作農家では、収穫後、田んぼに稲わらをすき込みます。すき込まれた稲わらは、多くが微生物の働きで分解され外に出ていきますが、その一部分は安定した形で土の中に残ります。どれくらい残るのかと言いますと、例えば、2500年残るとされている例もあります。

　3つ目の公益的機能は「物質循環機能」です。特に窒素循環です。日本は食料の輸入国ですので、窒素汚染がどうしても進みやすい特徴を持っています。この窒素を土は浄化してくれます。4つ目の公益的機能は「水、大気の浄化」です。最後の公益的機能は「生物多様性の保全」です。しっかりした土づくりをやれば、微生物の数が多くなり、生物も増えていくとことになります。

　以上が、私たち農林水産省が考えております公益的機能ですが、ここで一点強調させていただきます。土づくりの公益的機能をいくつか述べさせて頂

機能	概要
作物生産機能	・作物の生育に必要な養水分を蓄積・供給するとともに、植物体を支持する機能。 ・冷害や干害等気象変動の影響を受けにくい安定的な生産の確保を通じ、国民に対する食料の安定供給を確保。
炭素貯留機能	・炭素を貯留する機能。これまでの土壌調査の結果から、我が国の農地土壌においては、表層30cmに、水田で1.9億t、畑で1.6億t、樹園地で0.3億t、合計3億8千万tCの炭素を貯留していると試算。 ・炭素貯留量は、有機物の施用※や耕起の方法※※等の土壌管理により増減することから、適切な土壌管理を通じ温暖化の防止に寄与することが可能。 　※ 有機物の施用：有機物が農地土壌に施用されると、有機物中の炭素は微生物による分解を受けて相当程度は二酸化炭素として大気中に放出されるが、その一部は難分解性の物質（腐植物質等）となり、土壌有機炭素として土壌中に長期間貯留 　※※ 耕起の方法：耕起により農地土壌の表面を撹拌すれば、酸素が土壌中に供給され、土壌微生物の活性が高まることから、有機物の分解は促進され、土壌からの二酸化炭素の放出が増加
物質循環機能	・土壌へ還元された有機性資源の分解・変換などを通じて窒素や炭素の循環利用を促進する機能。
水・大気の浄化機能	・多様な物質をろ過・吸着・分解することにより水質や大気を浄化する機能。特に湛水状態にある水田土壌は用水等の水質の浄化機能が高い。
生物多様性の保全機能	・多様な生物の生息環境の提供等を通じて遺伝資源や地域の生態系を保全する機能。

農地土壌が有する公益的機能

きましたが、圧倒的に重要な機能は1つ目の作物生産機能です。本日のテーマは地球温暖化防止ということで、水を差すようですが、農地土壌はものを作るためにある。これを忘れては絶対にいけません。このことを忘れて、今日のテーマでもある、「炭素貯留機能」のことだけを考えてしまうと、農地にとにかく炭素を投入すれば良いという短絡的な考え方となってしまいます。

今日のテーマは「炭を使った農業」ですが、炭を投入することによる農地の「炭素貯留機能」のみを考えた場合、炭をどれだけ入れても良いこととなります。ですが、私たちからすれば、それは産業廃棄物を埋めるのと何ら変わりません。あくまでも農地土壌というのは作物生産のためにあります。そして、作物生産のための土作りをきちんと行えば、炭素貯留などの他の利益がもたらされるということです。

では、最後に国際ルールの中での農地土壌の枠組について簡単にご説明します。京都議定書と呼ばれるルールがあり、各国毎に温室効果ガスの削減目標を定めています。日本の場合、1990年に我が国が排出している温室効果ガスの量を100とすると、2008年から2012年に平均して94にしなさいというルールです。

ルールがこれだけならば簡単です。ところが、京都議定書は単純にガスを削減しなくても、いろんな形で大気中にあるCO_2を吸収すれば、減らしたことと同じとして認めるという、吸収源活動と呼ばれるルールがあります。

吸収源活動には4つあります。1つ目の活動が「森林」です。剪定などをきちんと行うことで、木をどんどん太らせれば、結果的に大気中からCO_2を木の中に固定したこととなります。次が「植生回復」です。高速道路の脇などに木を植える活動をイメージしてください3つ目、4つ目の活動が「農地管理」、「牧草地管理」です。この4活動が認められていますが、日本は前者2つしか選択していません。

農地管理と牧草地管理について選択していないのは、実はデータが蓄積されていなかったです。では、第二約束期間（2013〜2018年）に向けて、農地管理、牧草地管理を吸収源として選択するのかということですが、これは現

在交渉中ではありますがルール次第ということになります。

では、仮に、農地管理や牧草地管理を選択すると、どんな活動が吸収源として認められるのかですが、農地に蓄えらえる炭素量を測定しうる活動については認められるはずです。この点で、今回のテーマである炭については難しいと考えます。なぜならば、炭の施用に関するデータがほとんどないからです。逆に言えば、今後、「炭」に関するデータが集まってくれば、炭素貯留量に算定される可能性は十分に有ると思います。

ご参考までに現在、第一期間で農地土壌を吸収源として選択している国は、ポルトガル、スペイン、デンマーク、カナダの四カ国です。カナダの場合は不耕起栽培を行うことによる炭素貯留を主としています。不耕起とは耕さないということです。表面を硬くして微生物の活動を抑えますので出ていくCO_2の量が減るわけです。ちなみに、不耕起の一番の目的は、雑草を管理することですので、雑草の繁殖が激しい日本では不耕起は拡がらないでしょう。我が国の統計では不耕起に取り組んでいる割合は、水田で0.0数％、麦で1％程度です。カナダの場合には、雑草がそんなに問題にならないということで、不耕起を推奨しています。余談ですが、カナダでは、雑草管理を遺伝子組換え作物を用いることで行っています。このことが、実は炭素貯留に繋がっている。環境全般からすると、どちらが良いかは分からないという声もあります。

デンマークは土壌改良資材として使われ、施用するとCO_2が出る炭酸カルシウムの施用量を抑えることで、その差引きを吸収量としています。ポルトガルは農家の方々に牧草の種のようなものを配り、農家の方々がそれを施用することにより、有機物を土壌にどんどん入れて溜めています。

現在、農林水産省では堆肥の投入と緑肥、カバークロップ（作物を作らない期間に土壌侵食の防止を目的に作付けされるイネ科やマメ科の植物）などによる炭素貯留が有効ではないかと考えています。

第4章　2009年度　LORC国際シンポジウムパネルディスカッション

亀岡カーボンマイナスプロジェクトの取り組みや課題について

　富野：京都議定書関係の動きについて、これから、いろいろな動きがあるということも含めてのお話でした。

　皆さんに、自己紹介を兼ねて、活動や事業内容についてお話しいただきましたが、亀岡カーボンマイナスプロジェクトも炭素貯留の技術的な問題や認証の問題、あるいは市民の皆さんも関わる食育やエコポイントなど、いろいろな問題があります。皆さんの仕事や立場から見て、亀岡のプロジェクトで感じたこと、課題などを中心にしてお話しいただければと思います。

　酒井：我が法人での取り組みは大規模であるため、特に実験圃場の雑草管理にかかるマンパワーの確保が課題です。しかし、飼料用米やキャベツ（クルベジ®）を栽培したお蔭で、住民の方々の法人を見る目が少し変わったと思っています。「頑張れよ。」という励ましの声が聞こえ、今までは手が回っていなかった農地にも炭堆肥が入り、土も相当良くなりました。

　住民の皆さん方が、散歩やいろんな機会で全て見ておられるので、今後はこのカーボンマイナスプロジェクトを通じて、皆さんへの参加を呼び掛けていきたいと思っています。そしてやはり「クルベジ®」として、新たなブランド産品として売れる商品にしていきたいですし、新聞をはじめとする多くのマスコミに取り上げてもらうと大変な宣伝になりますので、大いに情報発信をしていきたいと思っています。

　この1、2月は学校給食にピンチヒッターで野菜を納めました。露地栽培は、自然の影響を大変受けますから、炭堆肥を入れることによって、少しでも安定的な生産を確保できればいいと思っています。

　我が法人の知識だけではどうもなりませんので、いろいろな方々や、先生方の指導を得ながら、また消費者の皆さんにアピールができるような方向で今後やっていきたいと思っています。

　富野：大学との共同研究は、今回初めての経験だと思いますが、どう思われましたか。

酒井：土壌や作物の科学的な分析をしていただくなど、我々ができない部分を担っていただき、非常にありがたく思っています。また、先生方は熱心ですから、それに負けないように農業者として頑張っていきたいです。地域が高齢化していますが、その方達にも少し田んぼに出て土いじりをしていただき、また元気を出してほしいとも思っています。

富野：野菜のブランド化や新しい農業の方法について、亀岡市内だけでなく、他からも反応はあるんですか。

酒井：他市からよく視察に来られるので、常にカーボンマイナスプロジェクトの話をしています。先日も四国の四万十から来られました。

伊東：この仕組みを根付かせて、成果が出るようにするには何が必要かといったときに、このような取り組みによって農家の利益にも少しでもつながり、持続可能な農業がいかに広がっていくかということが、たぶん一番大事なことだと思います。そういう意味ではクルベジ®が「これだけCO_2を減らしている」というようにうまくラベリングができ、見える化できるようなうまい仕掛けが考えられると一番いいのかなと思っています。

そこに、例えば「何トンあたりいくら」というクレジットが付く話になってきた時に、それをどういう形で買うのかについては、いろんなやり方が考えられると思います。京都グリーン購入ネットワークというところがありますが、2009年に社員食堂で地産地消促進キャンペーンをしました。例えば株式会社堀場製作所では、社員食堂の野菜を京都府産に切り替え、年間の野菜の量を輸送のCO_2の削減量でカウントしたら、1トン以上減ったという数字が出ました。

企業のCSR活動の一環として、あるいは従業員の健康を考えて、できるだけ安心で安全で環境にもいいような食材を社員食堂なんかで使っていきたいという企業というのは、これからも増えてくると思っています。そのような野菜を購入をされる時に、クレジット分を少し上乗せして買っていただき、その会社のCSR活動でクレジットを得るというやり方もあるのではないかと考えています。

クレジットの地域還元については、エコポイントの場合、個人個人に還元するという手間がかかる仕組みです。インターネットは扱えない人もいます。かといって、金券を作り、はんこを押し、偽造を防止するのも手間がかかるので、我々も知恵を絞らなければいけません。
　個人に還元するのもいいですが、地域に還元して、皆さんのコミュニティの中で使っていただく方法もあるかもしれません。我々も試していきたいと思いますし、亀岡の取り組みで、こうやったらうまくできたということを、他地域にも広めていけたらと考えています。
　富野：亀岡では、小学校の給食でクルベジ®を食べていただき、同時に環境教育の中で環境家計簿のようなものをやっていこうと考えていますが、エコポイントの還元については、学校単位で考えていけないかと議論しています。
　また、亀岡では試験的に、地域の竹を切り出して、竹炭づくりを行いましたが、農業で竹炭を使う場合、何百トンも必要です。しかし、ボランティアの皆さんで炭作りをやっているのでは、必要な炭が供給できるのかという問題があります。そういう点で、例えば炭を竹炭だけではなく、未利用バイオマスなど、一定程度の量で地域的に分散したものを農業に使えるような仕組みが必要だと思うんですよね。そのような計画や情報は温暖化防止センターにありますか。
　伊東：そこは今まさにこれからどういう仕組みを作っていくのかというところではないでしょうか。総務省で、緑の分権改革として、地域のバイオマス資源がどれぐらいあって、どのような形で取り出せて、どのように活用できるかを全国的に調べていこうという話が出ていて、京都府もそれに対して提案をしていると聞いています。雑草や生ごみのようなものをどのように活用でき

白砂青松再生の会で炭を使ってクロマツの苗を植えている風景（京丹後市、箱石浜）

るのかということは、地域レベルでこれから検討していく必要があると思います。

　小川：炭の製造について、最近炭化炉製造メーカーで手を引くところが増えています。期待ほどに需要が伸びず、コストが高いことと、いい炭化材料が手に入りにくいためです。先ほど二階堂さんが「農地はごみ捨て場じゃない」と話されました。これは非常に大事なことです。下水汚泥や、ごみ、生ごみも不純物が入っているので、リサイクルしようと思ったら、まず分別を徹底しなければなりません。それが動かないので、廃棄物をリサイクルするところまで行きません。農作物は生命と健康を維持するためのもので、畑は神聖なところですから、農薬や肥料といえども、絶対に変なものを使ってはならないのです。竹が炭の原料として見込みがあるのは、タケノコは成長が速いですから、上手に間引いていけば、木材よりは回転がいいということになります。

　日本では、従来もみがらくん炭など、炭化物を農業に利用してきました。しかし、炭素貯留技術や炭の農業利用効果に関する調査、研究については、今はオーストラリアやニュージーランド、欧米の方が盛んになってきています。おそらく、基礎的研究については、日本のレベルより高くなったと思います。先ほど二階堂さんが言われたように、データがないと動けませんので、このデータ作りが必要です。

　別に炭を使う大規模プロジェクトとして、熱帯林再生や砂漠緑化で植林と炭を組み合わせたケーススタディを海外でも国内でも行いました。そんな中で、日本にも木を植えるところがあり、植林で困っているところがあると気づきました。日本は植林に適した場所なのです。これほど森林に覆われて、盗伐や火事が少ないところは、世界中探してもありません。ただ、枯れるのは広がっていて、マツだけでなく、ナラ、カラマツが枯れています。それでも、日本はどこでも植えれば、木が生えます。

　京都府では丹後半島で府や市が援助して、炭と菌根を使って防災のための海岸林を再生させようという運動が広がっています。2006年に私は１人でも

やろうと思って、会費や会則なしの「白砂青松再生の会」を作りました。それが5年で13府県に広がり、丹後半島と同様の地域活動が20か所で始まり、会員も150名に増えました。地元の人たちと一緒に、毎年植林活動をしています。亀岡と同じように、この活動には必ず子どもたちを巻き込みます。子どもが入ると、若い親が付きそってくれます。炭を使って木を植えることは未来の問題です。未来のためにやることですから、若い人に体験してもらわなければなりません。子どもの時に覚えたことは、生涯忘れませんから、小さな子たちに海岸林の大切さを教えることにしています。その点でも、この亀岡プロジェクトは大好きです。子どもを巻き込むことは、愛郷心を育てることにつながります。故郷は国に繋がり、「愛地球心」になります。なぜ「愛地球心」というのか、変に思われるかもしれませんが、実は2005年に愛知万博から「愛・地球賞」をいただきました。賞をいただくと、何かしなければなりません。そこで、マツを植える運動を一生懸命やろうと決心したわけです。

富野：亀岡のプロジェクトは、すごく楽しいんです。今の小川先生のお話を聞いて、子どもたちと一緒にできているから楽しいのかもしれないと思ったんですが、やっぱり将来への希望なんですね。今の日本にはなかなか希望が見えにくいのですが、亀岡で子どもたちと一緒にいろんなことをやって、私は希望をどこかで見ているんだと思いました。

二階堂：先ほど私の方から土ということで全体的な話をしました、次に炭の話をします。実は農家の方々にとって、炭を撒くという行為は何も新しいことではなくて、我が国には炭を撒く習慣は古くからありました。実際、現在でも昔ほどではないのですが、年間約7000トンの炭が撒かれています。しかし撒く量は減っています。この理由はひとえに炭の価格が高いからですが、少なくとも日本には炭を撒く下地ができているということです。

こうした背景から、本プロジェクトに関する私の感想を、5点ほど申し上げます。1つ目は「炭」です。これまでは炭による農地土壌の炭素貯留に関するデータはほとんどありませんでした。このデータを取る本プロジェクト

について是非、頑張ってもらいたいと思います。

　2つ目ですが、このプロジェクトは出口をしっかり捉えています。農業は決してボランティアではありません。農家は1個の経営単位ですから、何かしらの金銭的な価値を見いださない限り、農家は本プロジェクトに取り組むことはないでしょう。本プロジェクトはその金銭的な価値ををどういう形で生み出すのかという出口戦略をまず作って、このための入り口に炭素貯留を据えている。このことに感銘を受けています。

　3つ目ですが、本プロジェクトは、極めてローカルな取り組みです。このプロジェクトでは、竹林、竹を使っています。竹というのは、集落が放置されると、どんどん田畑に押し寄せてくるものです。この押し寄せてくる竹を何とか処分しなければならない。この集落単位で起きうる、非常にローカルな問題をローカルに解決しようとしています。ドラム缶で手軽に炭を作っているんです。

　4つ目に、排出権取引の可能性です。農地土壌の排出権取引については、私たち農林水産省としてもいろいろ考えていますが、大きな問題を抱えています。一番大きな問題は、農地が蓄えたCO_2を誰が認定するのかということです。誰が、いつ、どれだけ炭を入れたか、これらを誰が認定するのでしょうか。農家の方々の経営規模が非常に小さい中、このコストは大変大きなものとなります。

　私の知る限り、農地土壌が貯留した炭素量を排出権取引で売っている例は、シカゴ気候取引所（CCX）だけです。CCXが成功している理由は、アメリカの農家の方々の経営規模が大変大きいということです。つまり、単位面積当たりの貯留量が少なくても、面積が多くなれば貯留量も大きくなり、市場で売買しうる量が集まり、ある程度のお金になります。

　しかしながら我が国の農家というのは、北海道を除けば平均1ヘクタールです。どれだけ頑張ってもあまりまとまったお金になりません。その解決策は、伊東さんのお話にもありました「まとまり」です。亀岡というまとまり、これを格好良く言うとアグリゲーターと言うんですけれども、まとまりを

持った存在が小さな農家を結び付け、少ないお金を大きくする、こういうことによって、活路が見出せるのではないかと感じております。

最後の点ですが、ここに大学がいることです。私、前職で地域おこしをずっとやっており、農村と大学が連携する例を全国的にも調査したことがあります。本プロジェクトのように、大学がここまで地域に入り込んでいく例は、全国的に珍しいと思います。特に農学部ではなく、地域政策といった学部が農村を1つのフィールドとして、ある意味1つの経営体として捉えて、どう持続的な地域を作っていくか研究している例が徐々に増えてきております。その好例だと思います。

富野：特に京都は、最近は地域の中に入っていく地域連携がどんどん進展しており、非常にいい事例になっていると思います。

ところで、私は実は、青森のリンゴ農家の方々とトレーサビリティ（物品とその部品や原材料の流通履歴を確認できること）をやっているんです。炭の農地利用に関しても、やっぱりトレーサビリティという話、要はきちっと認定することが必要になるのですが、今の日本の農家の方々は真面目で、きちっと記録をされています。だからそういう可能性は非常にあると思うのですが、どうでしょうか。

二階堂：私たちも、農家の皆さんに生産記録をしっかり付けることをお願いしています。排出権取引の対象になる農家さんは、農家の方々の中でもしっかりと生産履歴を作っているような方々が中心になっていくと思います。

富野：現在、農林水産省の方で、トレーサビリティと、このような認定制度をつなげることについて、動きはないんでしょうか。

二階堂：炭素貯留に関しては、まだまだ動いていないというのが実状です。

富野：どこかでそれをやる必要がありますよね。

二階堂：当然です。先ほど我が国では今後、農地管理を京都議定書の中で炭素貯留源として選択するよう交渉中であるという話をしました。仮に選択した場合、絶対に日本は「今年これだけ農地に炭素貯留をしました」というのを定量的に報告しなければいけません。このためには、何らかの形で貯留

量を測定するシステムが必要となります。

　当然ですが、国際ルールで決定されているものだけがカウントできます。データがないものについては、おそらく貯留しているんだけれども、データがないから貯留量ゼロという寂しい結果に終わります。今のところ一番簡単に貯留量としてカウントしうるものとして堆肥があると思います。堆肥はまさに生産履歴の中で結構皆さん背容量を記録していらっしゃる。あと、緑肥も水田の裏にれんげを何ヘクタール作付けしたか結構チェックしておられるんです。そういうデータが取れるところをまずは貯留量として報告していくことを考えています。しかしながら炭素、炭についてはデータがないので、このままだと残念ながら貯留量はゼロという報告になってしまいます。

会場との質疑応答

　富野：会場の方で、ご意見や質問がありましたら、お願いします。

　会場：炭を作る場合、窯で焼いた方がいいのではないでしょうか。また、炭はどれぐらいの大きさが一番適当かということです。亀岡は二毛作をします。水田にした場合、粒子はどれぐらいの大きさが一番いいでしょうか。

　小川：炭の焼き方ですが、土窯で焼く方が炭化効率はいいと思います。ただ、炭を焼く人がいなくなっています。それと時間がかかるので、誰にでもできて、できるだけ早く、簡単に焼ける方法が必要なので、私たちは簡易炭化器を勧めています。

　炭の粒子の大きさは対象によって違いますが、樹木の場合と農作物の場合で異なります。農作物の場合は、根が炭に接触するチャンスが多くなければなりません。あまり細かな粉末にしてしまうと、効果が出ないので、普通は1 cmから1 mmぐらいの粒にします。樹木に使う場合は、爪の半分ぐらい

の大きさにします。農業の場合は、表土に混合します。樹木の場合は塊状にして埋めます。

会場：簡易炭化器の炭の作り方は、竹を積み上げて、火を付けて、燃えたところで水をかけて消すということでしたが、細い枝なんかは燃えて灰になるし、太いところは燃え残ってまだ煙が出ている。そういうものを粉砕する機械があるのでしょうか。それから、できた炭は溝を掘って埋め込むのか、圃場全体にばら撒いて土と一緒に混ぜるのか、どうするのでしょうか。

小川：木の枝や竹を炭化する時は、傾斜のあるステンレスの輪、簡易炭化器を使います。これで燃やすと、空気が壁に沿って対流し、炉内が約600℃まで上がります。すると、中が酸欠状態になり炭化が進みます。材料のサイズをある程度そろえておいた方が無難ですが、細いものも太いものも灰にならずに蒸し焼きになります。あの窯でないと灰になるので、普通の野焼きで作った消し炭とは、燃料としての性能がかなり異なります。

それからもう1つの質問ですが、溝を切って入れるのは樹木の場合です。農作物の場合は堆肥や化学肥料を混ぜて、耕運機で耕す前に撒いて混合します。炭は肥料ではありませんので、肥料と混合するかしみこませて使ってください。炭だけでは効果が上がらず、場合によっては障害が出ることもあります。

それから竹の炭は、焼いた後、雨ざらしにして、雨が何回か降った後で使ってください。特に真竹や破竹の炭はアルカリが強く、pHが10以上になることがあります。白くなった炭をそのまま埋めると、植物の根が傷を受けるので、雨ざらしにするか、もしくは水に浸して洗い、いわゆる灰汁抜きをやってから使って下さい。

亀岡カーボンマイナスプロジェクトの今後の展望について

富野：最後に、パネリストの方々にまとめのお話を聞きたいと思います。せっかくこれだけ集まっていただいたわけですから、これから私たちが亀岡のプロジェクトをさらに展開させて、日本全体、あるいは世界にいろんなこ

とを展開していくために何をしたらいいのか、あるいはどういうことをこれから考えていかなければいけないのか、何をクリアしていったらいいのか、などについて、それぞれのお立場から一言ずつ助言やご意見をいただければ、と思います。

酒井：今年、炭堆肥を入れたところでキャベツを生産しましたが、キャベツ1個あたりどれぐらいのCO_2が削減できたか、というような表示ができたら嬉しいと思います。先ほどから何トン、何億トンという話でしたが、消費者にも分かりやすいような表示ができたらと思います。そして消費者に受けいれられなくてはいけないので、消費者が協力、購入いただけるような方策を早急に検討していただきたいと思っています。生産者としては、今後、販売していくために、「いつ頃にどれだけの量が取れます」ということを小売店や消費者に訴えかけていけるような農業をしていきたいと思っています。

学校給食でも2ヵ月前には商品を入札するそうです。ところが天候異変や、いろいろな事情で、なかなか予定通り出荷できないこともあります。それでもできるだけ早く「この時期には何個ぐらい取れます」と言える技術を、私たちは確立していかないといけないと思います。やはり消費者あっての生産物ですので、そのように考えています。

伊東：こういう取り組みをしている農産物を選んで買えるというような仕組みを作れれば、より安定した経営というものができると思います。このような取り組みに農家の方々として関わられているということで、結構手間がかかっていると思います。それを消費者が認識して買ってもらえれば、農事組合法人の農産物全体に対する認知度が上がったり、選択的に買ったりするところにつながると思います。そういった意味でも今おっしゃったようなラベリングというのは、いいきっかけになると思います。またそのようなことが他に対する宣伝効果や、いろいろなところにつながっていくのではないかと大変期待をしていますし、先ほどの削減量の計算という話も実を結んでくるのではないかと思います。

富野：いつも農業の議論を聞くと、2つに議論が分かれてしまいます。農

業は大事だからお金の問題ではない、精神論で頑張ろうという話が1つ。もう1つは、農家の方々は、本当に苦労しているんだから、若い人たちがやってもちゃんと生活できるようにしなければいけないのではないかという議論です。

でも、やはり努力したり、苦労したりしたことが報われることはすごく大事です。「やっぱり頑張って良かったな」と思える状態というのがあると思うんです。それはある場合にはお金であり、ある場合にはちゃんと受け止めてもらえたという喜びだと思うのです。そういう意味では、今おっしゃったようにラベリングがあって、それで消費者が買ってくれて、「ああ、これを見て買ってくれたんだ」というのがあると、やはりすごくいいと思います。

二階堂：この取り組みがもっとうまくいくように、私たちも協力をしていきたいと考えています。

まず、ラベリングという話がありました。「見える化」というものです。生産者の方々がラベリングをして、あとは消費者の方々がそれを選択的に購入する。同じ価格であればラベリングしてあるものを選ぶ、もしくは場合によっては高くても買うかもしれない。こういう消費者へ側の働きかけというのも、見える化の場合は必要になってきます。こういうことをしっかりしないといけないと思ったのが1点です。

次に排出権取引です。取引自体はどんどん進んでおりますが、残念ながら農業の場合はまだスタートしたばかりで、先ほど言ったような問題がいろいろありますので、この問題を早急にクリアしていきたいと感じています。

次に温暖化交渉。これは全体としてどうまとまるか分からないですが、少なくとも農業分野、農地土壌をきちっと位置付けていく。ここに関してはしっかり取り組んでいきたいと思います。

最後に、実はこの取り組みは、地産地消、学校給食など、各省庁との連携がどうしても必要になってくる取り組みだと思います。他の省庁とも連携して応援できるようにしたいと思っておりますので、またご協力よろしくお願いいたします。

富野：現地に来ていただいて、いろいろ見ていただいて良かったと思います。

小川：私はこのプロジェクトが気に入っています。いつも来てお手伝いして、炭を焼いた後いただくビールの美味しいこと。とれたてのキャベツを手でむしって食べてみてください。「またやろう」という気になります。楽しくないと続きません。せっかくやるのだったら、皆が楽しんでやれる方法でやるべきだと思います。そういう点で、ここのプロジェクトは社会科学から自然科学まで皆が集まって、農業から流通までいろんな分野を結んでやっておられます。こういうプロジェクトが生き生きとしているのは、将来のために極めて大事なことだと思います。

ぜひ亀岡、京都から「こういうプロジェクトならできますよ」と声を上げて、先ほどおっしゃったように数字を添えて提出していくように勧めてください。それから、立命館大学の方で、農林水産省の支援を受けて全国で6箇所選定し、同様の動きを進めておられます。それが全部動き出したら、条件の異なるところで、作物も人の加わり方も違う、同類のプロジェクトが立ち上がることになります。それを集めて、国や府県に持っていったら、「それなら支援しましょうか」ということになるでしょう。このような環境問題にかかわる仕事は税金に頼らないという精神が肝要なのです。皆ができることからやる、できるだけお金かけず、楽しみながら労力提供もする。そうしませんか。

富野：この亀岡カーボンマイナスプロジェクト、クルベジ®は多様な側面を持っています。たいへん難しいところから、皆さんに身近なところまで、世界全体の問題から地域の問題まで、本当に幅広い取り組みについて、いろいろな面から議論ができましたし、皆さんとともにお話ができたことは大変ありがたい機会だったと、改めて感謝を申し上げて、パネルディスカッションを締めくくりたいと思います。

おわりに

龍谷大学政策学部教授　**富野暉一郎**

東日本大震災が日本の環境エネルギー政策にもたらすもの
　2011年3月11日に起きた東日本大震災は、日本の社会にどのような転換をもたらすのでしょうか。巨大地震・巨大津波、そして原子力発電所の同時多発事故という3重大災害の同時発生という未曽有の異常事態は、そのどれもが単純な復旧・復興という既存の枠組みで対応が可能なものではないだけでなく、それらが重複して発生したことによって、これまでの日本の社会構造の基本的な組み換えまでが様々な視点から議論され始めています。
　それらの議論で環境問題の面から特に注目されるのは、これまで原子力発電と化石燃料によって資源とエネルギーを確保し、温室効果ガスの排出量削減目標を達成するとしてきた日本の根幹的な資源・エネルギー及び環境に関する政策が、根本的な見直しの対象として初めて広範で真剣な議論の対象となったことでしょう。
　第二次世界大戦後日本が追求してきた科学技術の高度化は確かに日本を豊かな先進国に引き上げてきましたが、その一方で日本を世界有数の大量生産・大量消費社会に変貌させ、その社会を維持するためにさらに大量消費を追求する科学技術への依存を深める構造を固定化させることとなりました。その過程で、科学技術は高度な専門性という強固な壁の中で巨大な政治的利権や企業利益と結びついて、国民・市民の手の届かないところで国の姿を決め、国の行方を左右してきました。東日本大震災があらわにしたのは、特に大量生産・大量消費社会がもたらした地球温暖化対策、とりわけ温室効果ガスの削減のためという大義名分を盾に強力に推進されてきた原子力発電による安定的エネルギー供給がいかに脆弱であり、原子力発電所事故が社会的に引き起こす損失がいかに巨大なものとなるかという、専門家が決して市民に

向かい合って問いかけようとしてこなかった重大な社会的リスクでした。さらに、従来技術分野の専門家達がしたり顔で説明してきた原子力発電のコストの比較優位性も、エネルギーサイクル全体として見た場合、分散型の再生可能エネルギーのコストに比較して、現時点でも決して低いとは言えないという政策学系の専門家の指摘が既に広く認知される状況にあります。

　その意味で、東日本大震災という大災害は、日本の科学技術立国政策のあり方や方向性そのものをも問いなおすものであり、これまでの災害と本質的に違うことを認識したうえで、今後復旧・復興にとどまらない日本社会の再構築に全力で取り組むことが求められています。とりわけ再生可能エネルギー技術とその応用の徹底的な開発を中心とする持続可能な社会の構築は、東日本大震災後の日本が目指すべき新たな国造りの主軸となる理念であり、日本が国際社会に発信する最も効果的な国際貢献ともなりうるものでしょう。

　本書で取り扱った亀岡市のカーボンマイナスプロジェクトも、今後は新たな持続型社会構築に向けた最先端プロジェクトとして、再定義される可能性があるのではないでしょうか。

亀岡市におけるカーボンマイナスプロジェクトの意義と今後の展望

　東日本大震災を受けて、今後日本だけでなく世界的に再生可能エネルギーの開発に関する政策や投資が活発になることは確実と思われます。しかし我々が注意しなくてはならないのは、そもそもそこで使われる「開発」という言説の意味内容ではないでしょうか。

　国際開発援助の分野では、先進国による発展途上国に向けた大型プロジェクトの供与を中心とする技術優先の開発援助が被援助国の社会的格差の拡大や腐敗の蔓延をもたらしているという批判を受けて、1980年代ごろから被援助国の人材育成や社会的主体の形成を主要なミッションとする「社会開発」が強調されるようになり、その理念は90年代以降さらに環境・経済・社会のそれぞれの要素の持続可能性が社会的に担保される「持続可能な社会開発（発展）」に展開して現在に至っています。しかしながら、この社会開発の基

おわりに

本的理念は、欧州連合ではその地域政策において体系的に整備され大規模に実施されてきたものの、日本においては技術開発と地域社会開発は制度的に統合されることはなく、基本的には個別の事例が「内発的発展論」の対象として取り上げられてきたにすぎません。日本においては、農業政策や環境政策における技術は多くの場合地域社会のリアルな社会的需要や地域社会の日常的営為とは関係なく誘導策としての補助金付きで導入される結果、多くの技術は補助金の廃止と共に立ち枯れし、持続可能な「社会開発」とは無縁の経済開発のレベルに留まっています。

しかし、再生可能エネルギーを主軸とする開発や投資を強力に推進するのであれば、従来の大型技術に偏重した技術開発・経済開発方式は大きな限界に直面することになります。再生可能エネルギーは本質的に分散型であり多様であることから、その活用と利用には多様な技術の組み合わせと連結、そして持続可能な社会を目指した地域社会の協力と協働が基本的に必要とされます。このことは、東日本大震災後の日本では、持続可能性を基本的要件とする適正技術と地域社会の多様な主体の形成が組み合わさった社会開発型のプロジェクトが「開発」の重要な対象となることを意味しています。

本書で報告された亀岡市におけるカーボンマイナスプロジェクトでは、従来型の環境技術の地域社会における実装への試みがほとんどすべて持続可能な地域社会の形成に成功していない欠陥を克服し、確実に温室効果ガスの削減に結びつき、かつ地域における物質循環と各地域主体が密接に結びついて地域社会の経済的社会的活動を活性化させる、新たな持続可能な地域社会開発システムの一般解を実証することが当初からの目的となっています。

本プロジェクトでは、現代社会で放置されてきたバイオマスの炭化技術を農業に活用してブランド野菜を確立することを主軸に、環境・経済・社会のすべての社会的活動が連携した新たな持続可能な社会システムを実現することが最終的な目標となっています。日本だけでなく、アジアを主とする地域で里山や焼き畑などの伝統農業の一部として広く利用されてきた土壌改良材としての炭は、最も単純で安定したバイオマスの固定化技術ですが、化石資

源への依存が進んでいる近代的農業が自然循環と断ち切られることと期を一にしてその技術は事実上休眠状態になっています。

　私たちが炭化技術に注目したのは、第一に、バイオマスの炭化は、単に温室効果ガスの排出量の削減という地球温暖化のペースを穏やかにするという消極的な環境対策ではなく、量的にはそれほど大規模なものにならないまでも、直接的に温室効果ガスそのものを大気中から削減するという積極的な地球温暖化対策となりうることです。もちろんバイオマスの炭化技術が国際社会において温暖化対策の一つの手法として承認されるためには、その全炭化プロセスのエネルギー収支が確実にマイナスになると同時に、炭が長期にわたって温室効果ガスの排出源にならないことを定量的に証明し、さらに温室効果ガスの削減量の認証方法のシステム化が確立することが必要になります。実際に、その定量的検定も本プロジェクトの一部となっていますが、その一点がクリアされれば、放置された森林や竹林、さらには耕作放棄地などの大量のバイオマスに含まれる炭素を、誰もが単純な在来技術によって固定化することができ、さらに国内外において農業の土壌改良材として継続的に使用されれば、その膨大な耕地面積に対応する温室効果ガスの固定量が、森林吸収とは根本的に違って具体的に計量が可能な形で確実に把握できることになります。

　私たちがバイオマスの炭化技術に最も注目したのは、むしろその技術が農業生産を通じて社会に与える幅広いインパクトです。一般に環境技術の社会的実装で最も困難とされるのは、特定の環境技術を導入することによって増加する処理や生産にかかるコストを吸収して社会的なコストパフォーマンスを全体としてプラスにして、プロセス全体を自立した循環型の再生産システムとして確立することです。バイオマスの炭化技術を活用したブランド野菜による農業の活性化プロジェクトの場合、その課題は、一般に現在市販されている炭は農業生産における炭の地中埋設のコストを大きく押し上げる要因になっており、単純にいえば炭の単価が一ケタ低くならなければ農業では使えない状況にあります。

おわりに

　しかしこの課題こそ、カーボンマイナスプロジェクトが持っている社会開発の意義を明確に示すものと言えます。亀岡市におけるカーボンマイナスプロジェクトの最も特徴的なスキームは、放置されたバイオマスを処理し炭化する事業体、バイオ炭を実際に活用し質の高いクルベジ®を生産する農業者、バイオ炭の規格や国際認証にかかわる団体、生産管理と品質管理により生産された野菜類をブランド化し市場に供給するブランド管理団体、流通業者、ブランド化に協力する企業群、そして何よりもバイオマスの炭化プロセスやクルベジ®の生産過程にかかわることによって環境への関心を深め、食育を経験し地域社会全体を環境型の地域社会に転換するための活動を持続的に展開する市民と子どもたち、さらにはそれらの活動をコーディネートし支援する自治体など、さまざまな市民・機関・団体の存在とその有機的で多元的な連携です。この多元的な地域を基盤とする連携によって、消費者も含む社会全体がクルベジ®を通じて繋がり、それぞれが分散的にバイオマス炭を使用してブランド野菜を生産することで生じるコストを分担し、その活動を経済的・精神的・また社会的に支え、地域社会自らの力で持続的にカーボンマイナスプロジェクトを継続させることが想定されているのです。

　亀岡市におけるカーボンマイナスプロジェクトはまだその緒に就いたばかりであり、現時点ではそれぞれの要素となる技術や農法そして市民の広い意味での環境活動などをパイロットプロジェクトとして試行し、それぞれの有効性を評価してきた段階にあります。今後、本格的なシステム構築に向けて産官学民の協力連携関係を深めつつ、クルベジ®のブランドの確立を軸とする活動をさらに広範に展開することが予定されていますが、幸いなことに現段階においてすでにこのプロジェクトは新たな社会開発を伴う先端的な環境政策の一つとして広く注目され、その成果に期待が高まっています。

　本書がこの時期に上梓されることで、より広く社会開発と連携した持続可能な環境政策の必要性と可能性が理解され、東日本大震災後の日本社会の環境政策構築に多少なりとも貢献することができれば、被災地の外にいて被災地を思うこのプロジェクトを推進している私たちにとって望外の幸せです。

資 料

クルベジ® 便り
クルベジ® 紙芝居
亀岡カーボンマイナスプロジェクト関連記事
ＣＤ－Ｒ使用にあたって

資料

クルベジだより
2010年11月

みんなの給食に クルベジ® 登場!! の巻

亀岡市内の小学校の給食に〈2010年11月第4週目〜12月第2週目〉「クールベジタブル」が登場します。

発行元・連絡先
龍谷大学地域人材・公共政策開発システム
オープンリサーチ・センター（LORC）　☎075-645-2312
立命館大学地域情報研究センター　☎075-465-8224
亀岡市生涯学習部市民協働課　☎0771-25-5002
亀岡市教育委員会学校教育課　☎0771-25-6786

「クルベジ®」とはつまり「クールベジタブル」のことでござる

せっしゃ炭乃棒と申す

亀岡でとれた環境にやさしい野菜だよ！

おいら炭丸！

地球全体の温度が少しずつ上がっている。これは「地球温暖化」という現象なんじゃ。

炭乃棒と炭丸は地球温暖化の主な原因とされる二酸化炭素（CO_2）を減らすのじゃ!!

今回の給食を生産している農地には、約50トンの炭を埋めており、車100台分※の二酸化炭素を減らしたことになります。

※1日16キロメートル走る一人乗りの車は1年間に約0.75トンの二酸化炭素を出します。

土に炭をまぜて作ったクールベジタブルで地球を救うのじゃ！しかもクルベジ®はおいしいのじゃ。

かいせつ

わたしたちの生活は、昔に比べて、とても便利になりました。しかし、今、「地球温暖化」が大きな問題になっています。テレビを見たり、エアコンをつけたり、車を運転したりすることで出る二酸化炭素（CO_2）が主な原因となって、地球の気温が上がっているのです。地球温暖化が進むと、動植物や人間の生活、環境にさまざまな悪い影響が出るといわれています。

そこで、亀岡市では2008年の秋から、農家や地域の人、市役所、大学、小・中学校、保育所など、たくさんの人たちが協力して「亀岡カーボンマイナスプロジェクト」に取り組んでいます。これは、"炭"を使って野菜を作り、農業を元気にする取り組みで、炭を土に埋めると空気中の二酸化炭素を減らすことができるため、「地球温暖化」防止に役立つことが期待されています。つまり「クルベジ®（クールベジタブル）」とは、地球を冷やす野菜という意味で、環境にやさしく、おいしい農作物です。

日本の農業では、古くから炭が使われていたそうです。炭を細かくくだいて土に混ぜると、農作物に良い働きをする菌が増えたり、土そのものが水や空気をたくさん含んで元気になり、土の中をきれいにして、おいしい野菜作りを助けるとされています。そして、木が吸った二酸化炭素を土の中に閉じ込めることができます。

このプロジェクトでは、クールベジタブルを紹介する紙芝居を作りました。この他にも、環境や食についての活動をしています。

クルベジ博士の大発明

クルベジだより

クールベジタブルを生産しています！

安全・安心な食材を子どもたちに。 旭町の学校給食部会

旭町では、給食に使うクールベジタブルのハクサイ、ダイコン、キャベツ、コマツナ、ネギを作っています。学校給食部会は、子どもたちに、亀岡でとれる安全で安心な食材を提供したいという思いから平成12年にできました。エコファーマーの資格を持つ会員が土からこだわり、農薬や化学肥料の少ない野菜を栽培しています。亀岡でとれる野菜は、おいしくて体に良いですよ。

学校でも家でもたくさん食べてくださいね。

クルベジ®は、あまくておいしいですよ。 農事組合法人ほづ

給食に使うクールベジタブルのニンジン、ジャガイモを作っています。そのほかには小豆、米、小麦、キャベツなども。小麦からはケーキやクッキーなどの新しい商品も開発しています。みなさん、炭を使って作った野菜はあまくておいしいですよ。

みんなでクールベジタブルを食べて地球温暖化を防止しましょう。

クールベジタブル作り、環境活動に取り組んでいます。

4校で約2トンの炭を農園に埋めました。
これは、二酸化炭素にすると約2.6トン、車4台分の二酸化炭素を減らしたことになります。

保津小学校では…

昨年の秋から、「農事組合法人ほづ」のみなさんに協力してもらい、学校農園で竹炭たい肥を使ったクールベジタブル作りに取り組んでいます。今年の夏には、龍谷大学の富野先生に来ていただき、紙芝居「クルベジ博士の大発明」を全校で見ました。また、夏休みには家庭で"夏休み省エネチャレンジ"にも取り組みました。

本梅小学校では…

わたしたちは毎年、農園で野菜作りをしています。そして今年はクールベジタブル作りに取り組み、サツマイモ、キュウリ、ナス、カボチャなど、さまざまな野菜を作りました。また、"夏休み省エネチャレンジ"にも親子で取り組みました。今年のサツマイモは、炭入りの土のためか出来が大変よく、みんなでおいしくいただきました。

吉川小学校では…

毎年、学校の近くの田畑を借りて、地域の方の指導を受けながら、野菜やお米を作っています。今年も5年生11名が、5アールの水田でお米作りを体験しました。このお米を使って調理実習をしたり、全校児童にも配布して、炭たい肥を入れて作ったお米を味わったりと、収穫後も農作物を通してさまざまなことを学んでいます。

別院中学校では…

わたしたちの学校では、年間を通して農園活動を行っています。3年生はもち米、2年生は冬野菜（ダイコン、ハクサイ、タマネギ、サツマイモなど）、1年生は夏野菜（キュウリ、ナス、ピーマン、トウガラシなど）を作っています。また、環境問題や食育についても少しずつ学習の場を持っていて、カーボンマイナスプロジェクトもそのひとつです。

大学から子どもたちへ

亀岡の農業を元気にしよう！ 立命館大学 柴田晃先生

亀岡の人たちと、山でふえすぎてこまっている竹を炭にして、それを畑にまいて、クールベジタブルを作る実験をしています。地域でいらないものを使う"地廃地活"の取り組みで、世界的にも注目されている「亀岡カーボンマイナスプロジェクト」といいます。亀岡の農業を元気にするために、みんなでがんばっているよ！

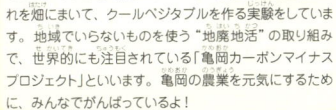

環境について考えてみるのじゃ！ 龍谷大学 富野暉一郎先生

わしの名前はクルベジ博士。保育所や小・中学校で紙芝居をやっておるんじゃ。電気や水を大切に使うことで地球にやさしい生活ができるが、クールベジタブルを作ったり、食べたり、買ったりすることも同じ。地球にやさしい取り組みなんじゃ。さあ、友達同士や家族で環境について考えてみよう。きみたちの大切な未来のためにの！

119

00

〈紙芝居〉 クルベジ® 博士の大発明
～地球にやさしい野菜を食べよう～

絵・構成：佐川明日香　　文：藤田　和世
企画：龍谷大学　地域人材・公共政策開発システム
　　　オープン・リサーチ・センター（LORC）
協力：特定非営利活動法人　地域予防医学推進協会
読み手：亀岡子どもの本研究会

01

レイジ「僕のお家の隣には、クルベジ博士（くるべじはかせ）という名前の立派な博士が住んでいます。
　　　博士はいつも、僕達の住んでいる「地球」についての研究をしています。森や海や川や草花や、動物達が、もっと元気になるように、僕達が、もっとイキイキ生活出来るように、いろいろな発明品を作ってくれる、とても立派な博士です」

レイジ「僕の名前は、冷野レイジ（ひやの れいじ）。」

〈ページをめくる〉

02

レイジ「今日はママに頼まれて晩ご飯のカレーに使う野菜を買いに来ました。…えーっと、ニンジンはどこにあるのだろう…」
博　士「おや、冷野レイジ君、レイジ君じゃないか。なにをしているんだい？」
レイジ「あ、クルベジ博士！こんにちは！僕、ママのお手伝いで、おつかいに来たんだ」
博　士「そうか、偉いの〜。しかしレイジ君、君は『地球温暖化』について考えて買い物をした事があるかね？」
レイジ「え、地球温暖化？」
博　士「そうじゃ」

〈ページをめくりながら…〉
博　士「ご覧、レイジ君。…」

03

博　士「今、『地球温暖化』と言って、地球全体の温度どんどん上がって来ているんじゃ。
　　　温度が上がるから、北極の氷が溶けはじめておる。
　　　氷が溶けるから、海の水が多くなって、陸が沈む。
　　　街だって海に飲み込まれてしまう。
　　　天気も悪くなるぞ。温度のバランスが崩れるから、台風や竜巻が多く発生してたくさん被害が出ているんじゃ」
レイジ「うわわ、た、大変だ…！気温があがると、こんなにたくさんの問題が起こるんだね、博士。…あ、そういえばパパが言ってた。
　　　『地球温暖化を防ぐために、車よりも自転車に乗るんだ』って。
　　　あれ、でもなんで自転車に乗る事が、地球にいいんだろう？」
博　士「それはの、自転車が二酸化炭素を出さないからじゃろうな」
レイジ「二酸化炭素？」

04

博　士「空気の中には酸素（O₂）と二酸化炭素（CO₂）というものがあるんじゃ。私たちは空気を吸って、酸素を体の中に取り込んで、息をはく時には、二酸化炭素を出すんじゃ」
レイジ「す〜、っと酸素を吸って、は〜、っと二酸化炭素を出すの？」
　　　「そうじゃよ。ところで、木（や植物）はどうやって育つか知っておるか？」
レイジ「水や太陽の光で育つんじゃないの？」
博　士「それももちろん大事だが、木（や植物）は（『光合成』という働きで、）空気の中の二酸化炭素を体の中に取り込んで、酸素を大気に吐き出すんじゃ」
レイジ「へぇ〜、人間と反対だね」
博　士「でも、木も年をとってくると（5、60年経ってくると、吸える酸素の量が減ってきて）、反対に二酸化炭素を吐き出すようになるんじゃ」※
レイジ「へぇ〜っ、じゃぁ、年をとった木は、どうしたらいいの？」
博　士「どんどん使うことじゃ。木材を切り出して、家や家具として使ったり、細かくくだいて、紙にしたり。もちろん、木を切った後には、植えるこもと大事じゃぞ」※
（※木の成長の利用、管理の話は難しい場合は省略）

05

博　士「昔はなあ、人間が息をして出す二酸化炭素は、木が吸ってくれたので二酸化炭素が増えすぎることはなかったんじゃ。じゃが、生活が便利になって、人間は、車に乗ったり、バスに乗ったり、エアコンをつけたり、テレビを見たり、お湯を沸かしたりするじゃろ」
　　　「うん、僕テレビは毎日見ているし、エアコンも時々使うよ。僕たちが機械を動かすと二酸化炭素が出るってこと？」
博　士「いやいや、それだけではないぞ。ここにあるタマネギだって、二酸化炭素を増やしているんじゃ」
レイジ「え？このタマネギが、どうして？！」
博　士「このアメリカ産のタマネギをここまで運ぶのに船やトラックを使うじゃろう、ガソリンを使うじゃろう。それに、玉ねぎを育てる時に（肥料を使ったり）、機械で畑を耕すじゃろう。意外な所で、二酸化炭素は出ているんじゃよ」
レイジ「そうなんだ、タマネギ一つでもそんなに…」
博　士「そして、二酸化炭素が増えすぎると、地球の空気を温めてしまうのじゃ。だから、地球温暖化が起こってしまうんじゃよ」
レイジ「そりゃ、大変だ。じゃあどうしたら二酸化炭素を少なくできるの、博士？」

06

〈ページをめくりながら…〉
博　士「地球温暖化は今や、世界中で大変な問題になっている。そこでわしは『炭』を使って二酸化炭素を減らす大発明『クールベジタブルシステム』を考えたんじゃ！！」
レイジ「わぁ、クールベジタブルしすてむ…って一体なに？」
博　士「ここだけの話なんじゃが、実はなんてことはないんじゃ。昔から日本に伝わる『炭』を使っていい野菜を作る（農業の）方法なんじゃよ」
レイジ「炭って、バーベキューの時に使う、あの黒いやつ？あんなものでいい野菜が作れるの？」
博　士「炭を土に混ぜると、野菜に良い働きをする菌が増えたり、土が水や空気をたくさん含んで土が元気になるんじゃ。炭をバーベキューで燃やさずに、細かくくだいて、土の中に混ぜることがポイントじゃ」

07

クララ「(ピッピー)、レイジ君こんにちは」
レイジ「わわわっ！！君は！？」
クララ「(ピッピー)、初めまして、わたしは博士の助手のクララ！博士と一緒に世界中を飛び回ってるの！いいこと教えてあげる。
　　　炭を土に埋めると、二酸化炭素が減るのよ！！
　　　今から炭を埋めたクールベジタブルの畑を見にいくんだけど、レイジ君も一緒に来ない？」
レイジ「わー！！僕も行きた〜い」
博　士「そうじゃな、じゃあ、レイジ君も一緒に畑を見に行くか」
レイジ「やったー！」
博　士「では、さっそくクララに乗って、亀岡の炭を埋めているクールベジタブルの畑へ出発じゃ！！」

08

レイジ「わあ、すごーい！僕、森の上を飛ぶなんて初めてだ」
クララ「(ピッピー)、ずいぶん大きな森ですね、博士」
博　士「森に生えとる木たちは、ワシたち人間には欠かせないものなんじゃよ」
レイジ「木は、二酸化炭素を吸って、僕たちが生きていくのに必要な酸素を作ってくれているんだよね」
博　士「ほほ〜、ちょっと、わかってきたな」
レイジ「でも、炭と二酸化炭素は何の関係があるの？」
博　士「では、復習じゃ」

〈ページをめくりながら〉

09

博　士「木は、空気を温める二酸化炭素を（す〜っと）吸いこんで、（ぷ〜っと）酸素を出してれる。
　　　その時に、体の中で（光合成の働きで）、二酸化炭素を「酸素」と炭のもとになる「炭素」に分けてくれるんじゃ。
　　　そして酸素を空気中に出して、残りの「炭素」を、体に（細胞に）溜め込んでいくのじゃ。
　　　ぱくぱくぱくぱく（スライド　クリック）、と二酸化炭素を食べて、どんどん、どんどん炭素で大きく太くなるのじゃ」
レイジ「ホントだ、木が二酸化炭素を食べて、炭素をお腹に溜め込んでる！」
博　士「そうじゃ、二酸化炭素は木のご飯なんじゃ。木々たちは二酸化炭素から炭素を取り出して、成長するんじゃよ」
クララ「そして炭素をお腹いっぱい貯め込んだ木を、燃やすのではなく蒸し焼きにして、（水を飛ばして、）炭を作るの。だから炭は炭素の固まりなの！その炭でできた炭乃棒（すみのぼう）さんはね…」（スライド　クリック）
レイジ「炭乃棒さん？それってだれ？」
博　士「ふふふ、それは畑についてからのお楽しみじゃよ、レイジ君」

（スライドは右から3段階の木の成長）

10

レイジ「あ、畑が見えて来たね、博士！」
博　士「この畑に炭をまくと、土が元気になるだけなく、二酸化炭素を減らすことになるんじゃ。お百姓さんが二酸化炭素を減らしてくれるすごいわざなんじゃよ！
　　　ここでクールベジタブルと言うおいしい野菜が出来るんじゃ。」
レイジ「炭のパワーってすごいんだね！！」

〈ページをめくりながら…〉
博　士「ほれ、畑についたぞ。コイツが二酸化炭素を減らす…炭乃棒じゃ」

11

炭乃棒「お初にお目にかかる。拙者が炭乃棒でござる。
　　　博士がわしのすばらしい働きに目を付けたんじゃ。
　　　隣にいるのは、わしの分身の炭丸（すみまる）じゃ」
炭　丸「こんにちは！拙者達は炭丸。畑に小さくくだいてまかれている炭でござる。こうして土に埋まり、おいしい野菜作りを手伝っているでござる」
レイジ「こんにちは！僕はレイジ、よろしくね。ほんとに、炭丸さんたちは畑のあちこちに埋まっているんだね」
炭乃棒「拙者達炭は、木が吸った二酸化炭素を炭（炭素）として土の中に閉じ込める大事な役割があるのでござる。その上、土の中をきれいにし、おいしい野菜作りを助けておるのじゃ」
博　士「炭乃棒や炭丸達は増え続ける二酸化炭素を、炭（炭素）として畑の土にためてくれているのじゃ。土に炭丸達を混ぜるだけで地球温暖化を止める助けになるんじゃよ」
炭　丸「拙者たちは頑張るでござる！」
炭乃棒「おや、あそこの畑にはまだ炭丸達が埋まっていないぞ。
　　　行って炭丸を入れてくることにいたそう」

12

〈ページをめくりながら…〉
炭乃棒「レイジ君にはお土産にクールベジタブルの人参を授けてしんぜよう。これからも野菜をたくさん食べて、元気に大きくなってくだされ。ではさらばじゃ」
レイジ「わあ！炭乃棒さん どうもありがとう！炭でおいしい野菜ができるなんて、僕、考えたことも無かったよ！」
博　士「今日はレイジ君にクールベジタブルのことを知ってもらえた。もっとクールベタブルが広まれば、地球も喜んでくれるじゃろう」
レイジ「そうだ今日の晩ご飯はカレーだったんだ！早速この人参を使って カレーを作ろう！…あ、でも僕の弟のつよし、人参が嫌いなんだ」
博　士「では、クールベジタブルの話を、弟のつよし君にもしてみるといい。きっとつよし君も興味を持ってくれるぞ」
レイジ「うん、ちょっとむずかしいけど、弟のつよしにもクールベジタブルの話をしてみるよ」

13

〈ページをめくりながら…〉
博　士「さてさて、夜になったがレイジ君の家の様子はどうかな…？」
つよし「うーん、やっぱり僕人参食べられないよ、お兄ちゃん食べて」
レイジ「そんなこと言わないで食べてごらんよ。この人参はね、今日、炭乃棒さんに貰った、とってもとってもおいしい特別な人参なんだぞ。」
つよし「う〜ん、でも色も形も普通の人参に見えるよー？」
レイジ「ううん、育て方が違うんだよ！ 炭が入った畑でも作られてるんだよ。地球の温暖化を防ぐのに役立っている特別な野菜なんだから、とっても美味しいんだよ！、つよし」
つよし「えっ〜、そうなの！ じゃ、じゃあ食べてみるよ！…（ぱくり）… ムグムグ、あ、ほんとだ、甘くておいしい」
マ　マ「つよし、人参を食べることができたわね。よかった。レイジがもらってきた野菜は本当においしいのね。クールベジタブルってかっこいい野菜ね。」

（状況に合わせて）
「さぁて、そこに座っている君たちも、クールベジタブルについて少しは分かって貰えたかな。
　みんなの手で、美味しい野菜を作って、出来たらワシ達に教えておくれ。待ってるぞ」

おしまい

博　士「よかったのぉ、クララ。亀岡で取り組み始めたクールベジタブルがまた多くの人に知ってもらえたぞ。研究のかいがあったもんじゃ。」
クララ「（ピッピー）博士、これからも研究に頑張りましょうね」

123

新聞記事

亀岡カーボンマイナスプロジェクト関連記事

京都新聞社　2009年2月26日（木）本版朝刊市民版C 26ページ

　温室効果ガスの二酸化炭素（CO_2）を構成する炭素（C）を田畑に埋め、生み出された農産物を「クールベジタブル（地球を冷やす野菜）」として売り出す試みが今、亀岡市の農地で進んでいる。世界でCO_2削減が課題になる中、画期的な地球温暖化防止対策として注目を集めている。

　大気中にCO_2が排出される
る。そこで、動植物を原料とする食べ残しなどを焼却処分するのではなく、炭素の固まり「炭」にして地中に戻すのが、炭素埋設農法の狙いだ。

　炭素を減らすだけなら土中に炭を埋めれば事足りるが、炭を入れた農地で野菜を栽培するのには訳がある。亀岡市と協力して同農法の実証実験を進める立命館大の柴田晃・
で、野菜も付加価値の付いた「クールベジタブル」として高値で売れると見込む。

　現在は、JR亀岡駅北側の農地で小麦を栽培し、炭の投入量による収穫量の違いを調べている。過疎に悩む全国の農山村が地球温暖化を救うとりでになる日は、そう遠くないかもしれない。

（西川邦臣）

炭素埋設農法　CO_2排出権取引も視野

　ルートは、大きく分けて二通りある。一つは、地中から掘り出した化石燃料を燃やした時、もう一つは、動植物が焼却されたり微生物で分解されたりする時だ。化石燃料や動植物に含まれる炭素が酸素（O_2）と結びつきCO_2になるが、特に前者は、長い歳月をかけて貯め込まれた炭素を地上に出す一方になり、地球温暖化に拍車をかける。

　気体のCO_2を減らすのは難しいが、動植物は成長の過程で炭素を体内に取り込んでい
産官学コーディネーターは「CO_2排出権取引を視野に、都市部から農村へ資金が流れる仕組みをつくるのが目標」と強調する。近い将来、企業にCO_2削減義務が課されれば、農家は農地に埋めた炭素分のCO_2削減量を企業に売却できる。さらに、環境志向の高まり

炭素埋設農法の実験農地で、小麦の成長を促す「麦踏み」に取り組む亀岡市保津町の子どもたち（亀岡市追分町）

農新時代 —丹波から

京都新聞社　2009年7月10日（金）地方版朝刊丹波A 22ページ

地球に優しく工夫

CO₂抑制、土壌を改良
竹炭作り農地へ
亀岡市と立命大生

亀岡市や立命館大などが共同で進めている二酸化炭素削減の取り組み「亀岡カーボンマイナスプロジェクト」の一環として9日、亀岡市保津町神子田で地域の住民や同大学の学生らが、農地にまくための竹炭を作った。

酸素と結びついて二酸化炭素をつくる炭素料に選んだ。竹を炭の材料に選んだ。土壌改良用の炭として農地に埋め、地上の二酸化炭素の発生を抑える同プロジェクト。農地に侵入して作物の成長を阻害するなどの問題がある「放置竹林」の解決にもつながる。

この日は、事前に住民らが同町内の竹やぶから切り出した約1千本の竹を利用。栽培に使われる実験を行うキャベツの実験用の畑で、用意された直径1.6㍍、高さ50㌢のステンレス製の炉2基に、のこぎりで短く切った竹を入れて火をつけ、約2時間半ほどかけて炭にした。竹炭は同町の農地にまかれる。

立命館大地域情報研究センターの柴田晃・産官学コーディネーターは、「地域の廃棄物を地元で活用する仕組みづくりに役立てたい」と話していた。

（近藤大介）

盛んに燃える炉に青竹を入れる参加者たち
（亀岡市保津町）

新聞記事

京都新聞社　2010年1月4日（月）地方版朝刊丹波A 24ページ

夢ひらく 丹波発 ②

炭素埋設農法

農事組合法人ほづ
=亀岡市保津町

環境と収入 一石二鳥

地球温暖化という世界規模の環境問題を、亀岡の農業が解決する。そんな壮大なプロジェクトが今年、本格始動する。亀岡市保津町の「農事組合法人ほづ」が挑む「炭素埋設農法」の実験畑では、丸々と太ったキャベツたちが二酸化炭素（CO_2）の排出を減らす農地生まれの「クールベジタブル」として、出荷の時を待っている。

■市場の評価に期待

「果たして『環境』という付加価値を消費者がどう受け入れてくれるか。期待と心配が半々です」。3カ月かけてキャベツを育てた「ほづ」の清水一郎さん（61）は、親元を巣立つ子どもを見守るようなまなざしで緑一面の畑を見渡す。プロジェクトのキャベツの成否は、清水さんのキャベツの市場評価に委ねられた。

温室効果ガスの一つとされるCO_2は、炭素（C）と酸素（O）が結び付いてできる。大気中のCO_2を減らすのは難しいが、炭素を減らせれば、新たなCO_2発生は抑えられる。

炭素は動植物の体にも含まれ、間伐した樹木や食べ残しなどを焼却するとCO_2が発生する。そこで、動植物由来の食べ残しなどを炭という炭素の固まりにし、土の中に閉じ込めよう、というのが「炭素埋設」の考え方だ。

炭は酸素と結びつくことなく長期間、土中に残り、酸性化した土壌の改良剤にもなる。一石二鳥のアイデアだが、立命館大などと共同で炭素埋設農法を始めた「ほづ」代表理事の酒井省吾さん（68）は「農業の環境貢献という側面だけではない。農家が抱える課題を解消する契機にもしたかった」と打ち明ける。

■農家を元気にしたい

頭価格は150円前後。農家の卸値は30円ほどだ。「せめて卸値が60円程度にならないと、農業には明るい話題がなかった。この農法で環境も良くなり、農家も潤う」と清水さんは嘆く。農家が赤字を抱えるばかり」。農家の悩みの根源は所得の低さにある。「環境指向が高まる中、クールベジタブルが一般の農

産物より高く売れれば、農家のやる気につながるはず」。酒井さんは力を込める。

炭素埋設農法には、さらなる先の目標もある。CO_2排出量取引による企業からの収入だ。仮に1㌶あたり25㌧の炭を亀岡の農地すべてに埋めると、市内の年間CO_2排出量の3分の1に当たる15・4万㌧を減らせる。海外でのCO_2排出量取引価格で換算すると約5・8億円。CO_2の排出削減に悩む企業に、農地で減らしたCO_2量を購入したら、農家の大きな収入になる。

亀岡で確立された炭素埋設農法のモデルが日本中に広がれば、国内の温暖化問題が解決する日はもう遠くはない。「農業には明るい話題がなかった。この農法で環境や農村が元気になる挑戦を続けたい。実現はわしらがおらんころの話になるけどね」と酒井さんたちは笑う。

（西川邦臣）

「これなら消費者にも満足してもらえる」。炭素埋設農法の実験畑で大きく育ったキャベツを前に話す農事組合法人ほづの清水さん（右端）と酒井さん（右から2人目）＝亀岡市保津町

現在、キャベツ1玉の店

京都新聞社　2010年1月24日（日）本版朝刊京都B 25ページ

紙芝居 園児に初披露

温室効果ガス減らす炭素埋設農法

龍谷大とNPO作製 エコ生活訴え

亀岡

地球温暖化防止に貢献する「炭素埋設農法」の仕組みを紹介しようと、龍谷大と京都市のNPO法人が子ども向けの紙芝居を作製し、23日、亀岡市の保津保育所で園児たちに初披露した。

この日は、同法人のスタッフによる紙芝居の披露に続き、同大学法学部の富野暉一郎教授が「クルベジ博士」にふんして園児20人の前に登場。人の呼気に含まれたり、木が吸収するCO2量を風船の数で示しながら「外国から野菜を運んでくる時にもたくさんのCO2を出しています。近くで取れた野菜を食べてエコ生活を心がけて」と呼び掛けていた。

同農法は、食べ残しや間伐した樹木などを炭にして農地に埋め、温室効果ガスの二酸化炭素（CO2）を減らす取り組み。亀岡市保津町では、炭素を埋めた農地で野菜を育て、「クールベジタブル」（地球を冷やす野菜）として売り出す試みが始まっている。

同大学とNPO法人「地域予防医学推進協会」が共同で作った紙芝居は「クルベジ博士の大発明」。CO2が地球温暖化につながっている現状を解説しながら、地球に優しい野菜づくりの意義を紹介する内容で、学校などでの食育や環境教育に役立てる。

（西川邦臣）

富野教授・ふんする「クルベジ博士」から二酸化炭素を出さない生活について学ぶ園児たち（亀岡市保津町・保津保育所）

新聞記事

京都新聞社　2010年6月5日（土）地方版朝刊丹波中丹B 21ページ

学校農園でCO₂削減挑戦

亀岡の4小中　竹炭埋める新農法

効果は車4台分に

　温室効果ガスの二酸化炭素（CO₂）を減らそうと、亀岡市内の4小中学校が、学校農園に竹炭を埋めて作物を育てる「炭素埋設農法」に挑戦している。4校で削減できるCO₂は乗用車4台分にも相当するといい、子どもたちが作物栽培を楽しみながら地球温暖化防止に一役買っている。

　炭素埋設農法は、酸素（O₂）と結びつくとCO₂になる炭（C）を農地に埋め、新たなCO₂が発生するサイクルを遮断する取り組みで、炭を埋めることで土壌改良にもつながるという。

　同市内の農地では、立命館大と龍谷大、亀岡市などでつくる「亀岡カーボンマイナス協議会」が、炭素埋設農法の実証実験を続けており、成果を上げていることから、この成果を、学校農園にも広げ、児童生徒の環境学習にもつな

げてほしい、と参加を呼び掛けた。
　本年度は別院中と梅、保津、吉川の各小が取り組むことにし、学校農園に竹炭を入れた学校農園でカボチャやサツマイモなどの野菜のほか水稲も栽培している。4校の学校農園22・2㌃で削減できるCO₂は約2・6㌧に上るという。
　同協議会では今秋、実証実験の農地で採れた野菜を市内18小学校の学校給食として提供する計画もある。また、給食を通してより多くのCO₂が減らせる。
　協議会メンバーの田中秀門さん（49）は「市内の全学校農園で炭素埋設に取り組めれば、埋設農法参加校を増やしていきたい」としている。
（西川邦臣）

「クールベジタブルエコ農園」と名付けた学校農園で田植えに挑戦する吉川小の5年生たち（亀岡市吉川町）

京都新聞社　2010年11月11日（木）　地方版朝刊丹波Ａ 20ページ

給食にクールベジタブル

亀岡の全小学校 22日から導入

地元産 CO_2 排出減農法で育成

環境学習にも活用

亀岡市は22日から、環境に優しい地元産野菜を、市内全18小学校の給食に取り入れる。地球温暖化の原因となる二酸化炭素（CO_2）の排出量を減らす「炭素埋設農法」で育てた野菜「クールベジタブル」を使用。学校給食を通して子どもたちの環境学習や食育にも役立てる。

炭素埋設農法は、CO_2るため新たなCO_2が発生せず、排出削減につながるほか、土にすき込むと土壌改良材にもなる。

市は2008年から、立命館大や龍谷大と連携して「カーボンマイナスプロジェクト」を始めた。同農法は、同市職員田中秀門さんの「地産地消や地球温暖化などの学習教材にも活用し、取り組みの輪がさらに広がれば」と話す。

CO_2の排出源となる放置された竹などを炭化し、その炭を畑に埋める。炭は元の木材が吸収した炭素を封じ込め

で育てた農作物をクールベジタブルと名付けた。地元農家が育てた亀岡産。22日の献立はあえ物で、年内にスープなどあと3回を予定している。同部会の平井賢次会長（75）は「環境への貢献だけでなく、形がそろっていて味もいい」と太鼓判を押す。

（堀内陽平）

プロジェクトチーム

給食に使う野菜は、「学校給食部会」（旭町）のハクサイやダイコン、「農事組合法人ほづ」（保津町）のニンジンやジャガイモなど地元農家が育てた亀岡産。

てブランド化し、農村振興にもつなげようと市内の農地で実証実験中。その一環で、給食食材に導入する。

地球への負荷が少ない炭素埋設農法で育った「クールベジタブル」のダイコンやハクサイ（亀岡市旭町）

ＣＤ－Ｒ使用にあたって

　添付 CD-R には、亀岡カーボンマイナスプロジェクトで作成・開発、活用した教材を用意しました。下記をご参照の上、ご活用ください。

　○ＣＤ－Ｒ収録資料

1　クルベジ博士の大発明紙芝居スライド
　　　（Microsoft Power Point 97-2003 スライドショー）
　地球温暖化の問題や、炭素循環の仕組み、カーボンマイナスプロジェクト、クルベジ®について、紙芝居の形式で編集しています（内容は小学校高学年～中学生向け）。
　・クルベジ博士の大発明（自動再生）
　Microsoft Power Point 97-2003 スライドショーが起動し、1度クリックすると、スライドと音声が自動で再生されます。（約１６分）
　・クルベジ博士の大発明（クリック用）
　Microsoft Power Point 97-2003 プレゼンテーションが起動し、クリックすると1ページずつ音声が再生されます。

　　※著作権は龍谷大学LORCが保有していますが、個人や教育機関などで広くご活用ください。商業目的の利用ならびに、編集や加工はご遠慮ください。

2　エコチェックシート（Microsoft Word 97-2003）
　龍谷大学LORCで作成し、保育所、小学校等で利用したエコチェックシートのサンプルです。
　・親子で取り組むエコ手帳（サンプル）
　「朝ごはんにお米を食べた」、「ハミガキ中に水道を出しっぱなしにしな

かった」、「誰もいない部屋の電気を消す」の3項目について、2週間取り組み、シールを貼る手帳です。

・保護者用エコチェックシート（サンプル）
20項目の環境に配慮する取り組みの達成度（「できている」、「少しできている」、「あまりできていない」、「できていない」）をチェックするもので、加えて1か月の電気、ガス、灯油、ガソリンについて料金を聞くシートです。3．簡易エコライフ診断ソフトを活用して、診断書を作成することができます。

3．簡易エコライフ診断（Microsoft Excel 97-2003）
　（有）ひのでやエコライフ研究所が作成し、ウェブサイトで提供している簡易エコライフ診断です。20項目の取り組みをチェックをすることで、エコ活動の得意分野・不得意分野がグラフで表示されたり、光熱費の標準的世帯との比較ができるようになっています。グループで取り組み、まとめて診断書を作成することができるようになっています。
　使用方法や使用条件については、ファイル内の使い方や下記ウェブサイトをご参照ください。
　○ひのでやエコライフ研究所ウェブサイト
　　http://www.hinodeya-ecolife.com/
　○同ウェブサイト内　エコライフ関連フリーソフトダウンロードページ
　　http://www.hinodeya-ecolife.com/download/

【資料、教材に関するお問い合わせ】
　龍谷大学　人間・科学・宗教総合研究センター内
　地域人材・公共政策開発システムオープン・リサーチ・センター（LORC）
　（2011年3月現在、連絡先やウェブサイトは以下の通りです）
　　住所：〒612-8577　京都市伏見区深草塚本町67
　　TEL：075-645-2312　URL：http://lorc.ryukoku.ac.jp/

≪編著者略歴≫

井上　芳恵（いのうえ　よしえ）

　1976年山口県生まれ。奈良女子大学大学院人間文化研究科博士後期課程修了。博士（学術）。尚絅短期大学家政科講師、奈良女子大学現代GP推進室特任助教、龍谷大学LORC博士研究員などを経て、2011年より龍谷大学政策学部准教授。専門分野：都市計画学、地域居住学。

[主な著書]
『地域居住とまちづくり』（共著、せせらぎ出版、2005年）、『まちづくりの伝道師達〜宮原発!!小学生からはじまるまちづくり』（共著、第一法規、2005年）、『若者と地域をつくる—地域づくりインターンに学ぶ学生と農山村の協働』（共著、原書房、2010年）など

地域ガバナンスシステム・シリーズ　No.14
炭を使った農業と地域社会の再生
市民が参加する地球温暖化対策

2011年9月20日　初版発行　　　定価（本体1400円＋税）

企　画　　龍谷大学地域人材・公共政策開発システム
　　　　　オープン・リサーチ・センター（LORC）
　　　　　　　http://lorc.ryukoku.ac.jp
編著者　　井上　芳恵
発行人　　武内　英晴
発行所　　公人の友社
　　　　　〒112-0002　東京都文京区小石川5—26—8
　　　　　ＴＥＬ 03-3811-5701
　　　　　ＦＡＸ 03-3811-5795
　　　　　Ｅメール info@koujinnotomo.com
　　　　　http://www.koujinnotomo.com

No.112 「小さな政府」論とはなにか
牧野富夫　700円

No.113 栗山町発・議会基本条例
橋場利勝・神原勝　1,200円

No.114 北海道の先進事例に学ぶ
宮谷内留雄・安斎保・見野全・佐藤克廣・神原勝　1,000円

No.115 地方分権改革のみちすじ
――自由度の拡大と所掌事務の拡大――
西尾勝　1,200円

No.116 転換期における日本社会の可能性
――維持可能な内発的発展――
宮本憲一　1,000円

No.62 機能重視型政策の分析過程と財務情報 宮脇淳 800円

No.63 自治体の広域連携 佐藤克廣 900円

No.64 分権時代における地域経営 見野全 700円

No.65 町村合併は住民自治の区域の変更である。 森啓 800円

No.66 自治体学のすすめ 田村明 900円

No.67 市民・行政・議会のパートナーシップを目指して 松山哲男 700円

No.69 新地方自治法と自治体の自立 井川博 900円

No.70 分権型社会の地方財政 神野直彦 1,000円

No.71 自然と共生した町づくり 宮崎県・綾町 700円

No.72 情報共有と自治体改革 ニセコ町からの報告 片山健也 1,000円

No.73 地域民主主義の活性化と自治体改革 山口二郎 600円

No.74 分権は市民への権限委譲 上原公子 1,000円

No.75 今、なぜ合併か 瀬戸亀男 800円

No.76 市町村合併をめぐる状況分析 小西砂千夫 800円

No.78 ポスト公共事業社会と自治体政策 五十嵐敬喜 800円

No.80 自治体人事政策の改革 森啓 800円

No.82 地域通貨と地域自治 西部忠 900円

No.83 北海道経済の戦略と戦術 宮脇淳 800円

No.84 地域おこしを考える視点 矢作弘 700円

No.87 北海道行政基本条例論 神原勝 1,100円

No.90 「協働」の思想と体制 森啓 800円

No.91 協働のまちづくり 三鷹市の様々な取組みから 秋元政三 700円 [品切れ]

No.92 シビル・ミニマム再考 ベンチマークとマニフェスト 松下圭一 900円

No.93 市町村合併の財政論 高木健二 800円

No.95 市町村行政改革の方向性 ～ガバナンスとNPMのあいだ 佐藤克廣 800円

No.96 創造都市と日本社会の再生 佐々木雅幸 800円

No.97 地方政治の活性化と地域政策 山口二郎 800円

No.98 多治見市の政策策定と政策実行 西寺雅也 800円

No.99 自治体の政策形成力 森啓 700円

No.100 自治体再構築の市民戦略 松下圭一 900円

No.101 維持可能な社会と自治 ～『公害』から『地球環境』へ 宮本憲一 900円

No.102 道州制の論点と北海道 佐藤克廣 1,000円

No.103 自治体基本条例の理論と方法 神原勝 1,100円

No.104 働き方で地域を変える ～フィンランド福祉国家の取り組み 山田眞知子 800円

No.107 公共をめぐる攻防 ～市民的公共性を考える 樽見弘紀 600円

No.108 三位一体改革と自治体財政 岡本全勝・山本邦彦・北良治・逢坂誠二・川村喜芳 1,000円

No.109 連合自治の可能性を求めて サマーセミナー in 奈井江 松岡市郎・堀則文・三本英司・佐藤克廣・砂川敏文・北良治 他 1,000円

No.110 「市町村合併」の次は「道州制」か 高橋彦芳・北良治・碓井直樹・森啓 1,000円

No.111 コミュニティビジネスと建設帰農 松本懿・佐藤吉彦・橋場利夫・山北博明・飯野政一・神原勝 1,000円

都市政策フォーラムブックレット

（首都大学東京・都市教養学部 都市政策コース 企画）

No.1 「新しい公共」と新たな支え合いの創造へ——多摩市の挑戦
首都大学東京・都市政策コース 900円【品切れ】

No.2 景観形成とまちづくり——「国立市」を事例として——
首都大学東京・都市政策コース 1,000円

No.3 都市の活性化とまちづくり——「制度設計から現場まで」——
首都大学東京・都市政策コース 1,000円

TAJIMI CITY ブックレット

No.2 転型期の自治体計画づくり
松下圭一 1,000円

No.3 これからの行政活動と財政
西尾勝 1,000円

No.4 構造改革時代の手続的公正と第2次分権改革——手続的公正の心理学から
鈴木庸夫 1,000円

No.5 自治基本条例はなぜ必要か
辻山幸宣 1,000円

No.6 自治のかたち法務のすがた——政策法務の構造と考え方
天野巡一 1,100円

No.7 自治体再構築における行政組織と職員の将来像
今井照 1,100円

No.8 持続可能な地域社会のデザイン
植田和弘 1,000円

No.9 政策財務の考え方
加藤良重 1,000円

No.10 市場化テストをいかに導入するべきか ～市民と行政
竹下譲 1,000円

No.11 市場と向き合う自治体づくり
小西砂千夫・稲沢克祐 1,000円

地方自治土曜講座ブックレット

No.2 自治体の政策研究
森啓 600円

No.22 地方分権推進委員会勧告とこれからの地方自治
西尾勝 500円

No.34 政策立案過程への「戦略計画」
宮本憲一 1,100円

No.42 少子高齢社会と自治体の福祉法務
加藤良重 400円

No.43 改革の主体は現場にあり
山田孝夫 900円

No.44 自治と分権の政治学
鳴海正泰 1,100円

No.45 公共政策と住民参加
小林康雄 800円

No.46 農業を基軸としたまちづくり
篠田久雄 800円

No.47 これからの北海道農業とまちづくり
佐藤守 1,000円

No.48 自治の中に自治を求めて

No.49 介護保険は何を変えるのか
池田省三 1,100円

No.50 介護保険と広域連合
大西幸雄 1,000円

No.51 自治体職員の政策水準
森啓 1,100円

No.52 分権型社会と条例づくり
篠原一 1,000円

No.53 自治体における政策評価の課題
佐藤克廣 1,000円

No.54 小さな町の議員と自治体
室崎正之 900円

No.56 改正地方自治法とアカウンタビリティ
鈴木庸夫 1,200円

No.59 財政運営と公会計制度
宮脇淳 1,100円

No.60 環境自治体とISO
畠山武道 700円

No.61 転型期自治体の発想と手法
松下圭一 900円

分権の可能性 スコットランドと北海道
山口二郎 600円

No.46 地方財政健全化法で財政破綻は阻止できるか
―夕張・篠山市の財政運営責任を追及する―
高寄昇三 1,200円

No.47 地方政府と政策法務
高寄昇三 1,200円

No.48 市民・自治体職員のための基本テキスト
加藤良重 1,200円

No.49 政策財務と地方政府
―市民・自治体職員のための基本テキスト―
加藤良重 1,400円

No.50 政令指定都市がめざすもの
高寄昇三 1,400円

No.51 討議する議会
～自治のための議会学の構築をめざして～
大城聡 1,000円

良心的裁判員拒否と責任ある参加
～市民社会の中の裁判員制度～

No.54 大阪市存続・大阪都粉砕の戦略
―地方政治とポピュリズム―
高寄昇三 1,200円

No.52 大阪都構想と橋下政治の検証
―府県集権主義への批判―
高寄昇三 1,200円

No.53 虚構・大阪都構想への反論
―橋下ポピュリズムと都市主権の対決―
高寄昇三 1,200円

No.55 「大阪都構想」を越えて
―問われる日本の民主主義と地方自治―
大阪自治体問題研究所・企画 1,200円

No.56 翼賛議会型政治・地方民主主義への脅威
―地域政党と地方マニフェスト―
高寄昇三 1,200円

No.57 なぜ自治体職員にきびしい法遵守が求められるのか
加藤良重 1,200円

北海道自治研ブックレット

No.1 市民・自治体・政治
再論・人間型としての市民
松下圭一 1,200円

No.2 議会基本条例の展開
その後の栗山町議会を検証する
橋場利勝・中尾修・神原勝 1,200円

No.3 福島町の議会改革
議会基本条例開かれた議会づくりの集大成
溝部幸基・石堂一志・中尾修・神原勝 1,200円

No.4 格差・貧困社会における市民の権利擁護
金子勝 900円

No.5 法学の考え方・学び方
イェーリングにおける「秤」と「剣」
富田哲 900円

No.6 今なぜ権利擁護か
―ネットワークの重要性―
高野範城・新村繁文 1,000円

福島大学ブックレット『21世紀の市民講座』

No.1 外国人労働者と地域社会の未来
桑原靖夫・香川孝三（著）
坂本恵（編著） 900円

No.2 自治体政策研究ノート
今井照 900円

No.3 住民による「まちづくり」の作法
今西一男 1,000円

朝日カルチャーセンター地方自治講座ブックレット

No.1 自治体経営と政策評価
山本清 1,000円

No.2 ガバメント・ガバナンスと行政評価システム
星野芳昭 1,000円[品切れ]

No.4 政策法務は地方自治の柱づくり
辻山幸宣 1,000円

No.5 政策法務がゆく!
北村喜宣 1,000円

No.7 小規模自治体の可能性を探る
保母武彦・菅野典雄・佐藤力・竹内昰俊・松野光伸 1,000円

政策・法務基礎シリーズ―東京都市町村職員研修所編

No.1 これだけは知っておきたい自治立法の基礎
600円[品切れ]

No.2 これだけは知っておきたい政策法務の基礎
800円

No.10 自治体職員の能力
自治体職員能力研究会 971円

No.11 パブリックアートは幸せか
山岡義典 1,166円

No.12 市民がになう自治体公務
パートタイム公務員論研究会 1,359円

No.13 行政改革を考える
山梨学院大学行政研究センター 1,166円

No.14 上流文化圏からの挑戦
山梨学院大学行政研究センター 1,166円

No.15 市民自治と直接民主制
高寄昇三 951円

No.16 議会と議員立法
上田章・五十嵐敬喜 1,600円

No.17 分権段階の自治体と政策法務
松下圭一他 1,456円

No.18 地方分権と補助金改革
高寄昇三 1,200円

No.19 分権化時代の広域行政のあり方
山梨学院大学行政研究センター 1,200円

No.20 あなたのまちの学級編成と地方分権
田嶋義介 1,200円

No.21 自治体も倒産する
加藤良重 1,000円 [品切れ]

No.22 ボランティア活動の進展と自治体の役割
山梨学院大学行政研究センター 1,200円

No.23 新版・2時間で学べる「介護保険」
加藤良重 800円

No.24 男女平等社会の実現と自治体の役割
山梨学院大学行政研究センター 1,200円

No.25 市民がつくる東京の環境・公害条例
市民案をつくる会 1,000円

No.26 東京都の「外形標準課税」はなぜ正当なのか
青木宗明・神田誠司 1,000円

No.27 少子高齢化社会における福祉のあり方
松下圭一 800円

No.28 財政再建団体
橋本行史 1,000円 [品切れ]

No.29 地方分権
山梨学院大学行政研究センター 1,200円

No.30 交付税の解体と再編成
高寄昇三 1,000円

No.31 地方分権と法定外税
外川伸一 800円

No.32 東京都銀行税判決と課税自主権
高寄昇三 1,000円

No.33 都市型社会と防衛論争
松下圭一 900円

No.34 中心市街地の活性化に向けて
山梨学院大学行政研究センター 1,200円

No.35 自治体企業会計導入の戦略
高寄昇三 1,100円

No.36 行政基本条例の理論と実際
神原勝・佐藤克廣・辻道雅宣 1,100円

No.37 市民文化と自治体文化戦略
松下圭一 800円

No.38 まちづくりの新たな潮流
山梨学院大学行政研究センター 1,200円

No.39 ディスカッション・三重の改革
中村征之・大森彌 1,200円

No.40 町村議会の活性化
山梨学院大学行政研究センター 1,100円 [品切れ]

No.41 政務調査費
宮沢昭夫 1,200円 [品切れ]

No.42 市民自治の制度開発の課題
山梨学院大学行政研究センター 1,100円

No.43 《改訂版》自治体破たん・「夕張ショック」の本質
橋本行史 1,200円 [品切れ]

No.44 分権改革と政治改革～自分史として
西尾勝 1,200円

No.45 自治体人材育成の着眼点
浦野秀一・井澤壽美子・野田邦弘・西村浩・三関浩司・杉谷知也・坂口正広・田中富雄 1,200円

No.46 障害年金と人権
—代替的紛争解決制度と大学・専門集団の役割—
橋本宏子・森田明・湯浅和恵・池原毅和・青木久馬・澤静子・佐々木久美子 1,400円

地域ガバナンスシステム・シリーズ

龍谷大学地域人材・公共政策開発システム・オープン・リサーチ・センター企画・編集

No.1 地域人材を育てる自治体研修改革
土山希美枝 900円

No.2 公共政策教育と認証評価システム―日米の現状と課題―
坂本勝 編著 1,100円

No.3 暮らしに根ざした心地良いまち
野呂昭彦・逢坂誠二・関原剛・吉本哲郎・白石克孝・堀尾正靫 1,100円

No.4 持続可能な都市自治体づくりのためのガイドブック「オルボー憲章」「オルボー誓約」翻訳所収 白石克孝・イクレイ日本事務所編 1,100円

No.5 英国における地域戦略パートナーシップの挑戦
白石克孝編・的場信敬監訳 900円

No.6 マーケットと地域をつなぐパートナーシップ
白石克孝編・園田正彦著 1,000円

No.7 政府・地方自治体と市民社会の戦略的連携―英国コンパクトにみる先駆性―
的場信敬編著 1,000円

No.8 財政縮小時代の人材戦略
多治見修編著 1,400円

No.10 行政学修士教育と人材育成―米中の現状と課題―
坂本勝著 1,100円

No.11 アメリカ公共政策大学院の認証評価システムと評価基準(独)科学技術振興機構 社会技術研究開発センター「地域に根ざした脱温暖化環境共生社会」研究領域 地域分散電源等導入タスクフォース 1,200円

No.12 NASPAAのアクレディテーションの検証を通して―
早田幸政 1,200円

No.14 炭を使った農業と地域社会の再生―市民が参加する地球温暖化対策―
井上芳恵編著 1,400円

No.15 〈つなぎ・ひきだす〉対話と議論でファシリテート能力育成ハンドブック
土山希美枝・村田和代・深尾昌峰 1,200円

シリーズ「生存科学」

No.2 再生可能エネルギーで地域がかがやく―地産地消型エネルギー技術―
秋澤淳・長坂研・堀尾正靫・小林久 1,100円

No.3 小水力発電を地域の力で
堀尾正靫・白石克孝・重藤さわ子・定松功・土山希美枝 1,400円

No.4 地域の生存と社会的企業―イギリスと日本との比較をとおして―
柏雅之・白石克孝・重藤さわ子 1,200円

No.5 地域の生存と農業知財
澁澤栄・福井隆・正林真之 1,000円

No.6 風の人・土の人―地域の生存とNPO―
千賀裕太郎・柏雅之・福井隆・飯島博・曽根原久司・関原剛 1,400円

No.7 地域からエネルギーを引き出せ! PEGASUS ハンドブック(環境エネルギー設計ツール)

地方自治ジャーナル ブックレット

No.3 使い捨ての熱帯林
熱帯雨林保護法律家リーグ 971円

No.4 自治体職員世直し志士論
村瀬誠 971円

No.8 市民的公共性と自治
今井照 1,166円 [品切れ]

No.9 ボランティアを始める前に
佐野章二 777円

「官治・集権」から
「自治・分権」へ

市民・自治体職員・研究者のための
自治・分権テキスト

《出版図書目録》
2011.9

公人の友社

112-0002　東京都文京区小石川 5－26－8
TEL　03-3811-5701
FAX　03-3811-5795
メールアドレス　info@koujinnotomo.com

● ご注文はお近くの書店へ
　小社の本は店頭にない場合でも、注文すると取り寄せてくれます。
　書店さんに「公人の友社の『○○○○』をとりよせてください」とお申し込み下さい。5日おそくとも10日以内にお手元に届きます。
● 直接ご注文の場合は
　電話・FAX・メールでお申し込み下さい。（送料は実費）
　　TEL　03-3811-5701　FAX　03-3811-5795
　　メールアドレス　info@koujinnotomo.com

（価格は、本体表示、消費税別）